信息科学技术学术著作丛书

连杆机构非整周期设计要求尺度综合的输出小波特征参数法

孙建伟　刘文瑞　褚金奎　著

科学出版社

北　京

内 容 简 介

本书借助小波分解理论，提出利用一维小波系数和二维小波系数描述连杆机构输出曲线(包括输出函数曲线和连杆轨迹曲线)的方法，同时给出连杆机构输出曲线小波系数的几何意义。在此基础上，重点分析连杆机构输出曲线与对应小波系数的关系，建立连杆机构输出小波特征参数的级数选取机制。以典型的平面四杆机构、平面五杆机构、平面六杆机构，以及球面四杆机构、空间 RCCC 机构和空间 RRSS 机构为应用对象，详细讨论多位置、非整周期设计要求的函数综合、轨迹综合和刚体导引综合方法，并进行设计，给出相应的综合公式、步骤、算例。

本书可供从事机械设计、机构学研究的研究人员和工程技术人员参考学习，也可作为高等院校相关专业的研究生教材。

图书在版编目（CIP）数据

连杆机构非整周期设计要求尺度综合的输出小波特征参数法／孙建伟，刘文瑞，褚金奎著. —北京：科学出版社，2022.1

(信息科学技术学术著作丛书)

ISBN 978-7-03-071356-8

Ⅰ. ①连… Ⅱ. ①孙…②刘…③褚… Ⅲ. ①连杆机构-小波理论-特征-参数 Ⅳ. ①TN1112.1

中国版本图书馆 CIP 数据核字（2022）第 017776 号

责任编辑：魏英杰 / 责任校对：王 瑞
责任印制：吴兆东 / 封面设计：陈 敬

科 学 出 版 社 出版

北京东黄城根北街 16 号
邮政编码：100717
http://www.sciencep.com

北京中石油彩色印刷有限责任公司 印刷
科学出版社发行 各地新华书店经销

*

2022 年 1 月第 一 版 开本：720×1000 B5
2022 年 1 月第一次印刷 印张：12 3/4
字数：255 000

定价：108.00 元

（如有印装质量问题，我社负责调换）

前　　言

随着机械设备自动化程度的日益提高，产品用户化定制、生命周期缩短、复杂度不断提高等都对机械产品设计提出了更高的要求。机构是机械的核心，机构设计是机械产品的基础，因此机构综合方法的完善和创新是提高机械产品创新能力的关键，也是提高机械产品竞争力的重要手段。连杆机构由于其制造成本低廉，可以传递较大的动力，在重型机械、航空机械、农业机械、机器人等诸多领域有着广泛应用。因此，对连杆机构设计方法的研究一直是机构学研究的热点。

数值图谱法作为图谱法的一个分支，在连杆机构尺度综合问题的求解中具有独特的优势。它可以突破精确点法存在的给定精确位置个数限制的制约；避免近似综合方法涉及的非线性方程组求解、优化初值选取和迭代收敛性等问题；克服曲线图谱法检索效率低和图谱中包含尺寸型数量有限的缺点。利用数值图谱法求解连杆机构尺度综合的基本思路是：根据连杆机构输出的特点，利用特征参数提取方法对连杆机构输出进行参数化处理；根据机构尺寸参数与输出特征参数之间的关系，建立机构尺寸型数据库；利用参数化处理方法对尺寸型生成机构的输出曲线进行特征参数提取，并将特征参数储存在图谱库中；根据给定目标曲线的特征参数与图谱库中存储的特征参数进行匹配，从而输出结果。

本书主要聚焦于非整周期给定设计要求的连杆机构函数综合和轨迹综合问题的求解。通过对平面连杆机构、球面连杆机构和空间机构的分析，给出了基于小波参数的连杆机构开区间输出特征的参数化描述方法和数据库的建立方法，推导了理论公式取代传统优化算法来计算机构实际尺寸和装配位置，利用建立的数据库、匹配识别算法和理论公式实现了连杆机构尺度综合问题的求解，为连杆机构多位置、开区间尺度综合提供了一个新的综合方法。

本书得到刘文瑞博士、路贺硕士、陈露硕士、王鹏硕士、刘琦硕士、薛娜硕士等的协助与支持。特别是，刘文瑞博士在本书撰写过程中承担了大量烦琐、细致的整理工作，在此表示感谢。

本书的相关研究工作得到吉林大学任露泉院士、钱志辉教授的帮助，恩师褚金奎教授的建议对本书研究工作的开展起到了至关重要的促进和推动作用。河南科技大学吴鑫教授、张彦斌教授，长春工业大学张邦成教授、秦喜文教授、姜大伟副教授也对本书的工作给予了热情鼓励和帮助，对此表示衷心的感谢。

　　由于作者水平所限，书中难免存在不妥之处，恳请读者批评指正。

孙建伟

2020 年 12 月　于长春

目　　录

第一章　绪　论

1.1　机构尺度综合简介

机构学是机械设计的基础理论学科之一。其主要研究内容可分为机构分析和机构综合两大类。机构综合是在给定机构运动学、动力学基础上，根据已有机械理论及力学理论设计出满足预定设计要求的机构类型及尺寸。机构是机械的核心，机构设计是机械产品的基础，因此机构综合方法的完善和创新是提高机械产品创新能力的关键，也是提高机械产品竞争力的重要手段。目前，我国正在由机械制造大国向机械制造强国转变，先进的设计方法将在此过程中发挥重要的作用。正如邹慧君和高峰指出的："对中国来说，机械设计及理论的研究是当务之急，机械工程学界需要设计理论、方法和技术"[1]。

连杆机构制造成本低廉，可以传递较大的动力，在重型机械、航空机械、农业机械、机器人等诸多领域有着广泛应用[2-15]。因此，对连杆机构设计方法的研究一直是机构学研究的热点问题之一。连杆机构综合包括数综合、型综合及尺度综合。传统意义上机构综合即尺度综合，根据从动件的输出特点，可分为函数综合、轨迹综合及刚体导引综合[16-19]。对于连杆机构少位置给定设计要求(9个给定位置以下)的尺度综合问题，在早期的研究中，主要的解决方法有试凑法、几何作图法和解析法[20-23]。这些方法对早期的工业发展起到极大的推动作用。但这些方法的综合结果对设计者的设计经验依赖性较大，并且综合精度较低，可重复性较差。目前代数法是求解少位置给定精确点设计要求连杆机构尺度综合问题的主流方法。通过对非线性方程组的求解可以得到满足设计要求的机构参数[24]。对于多位置给定设计要求尺度综合问题，处理的主要方法可分为近似综合法和图谱法两大类。与近似综合法相比，图谱法更加直观，可以把握机构大体的运动趋势和形状，避免近似综合法存在的非线性方程组求解、优化初值选取，以及解的稳定性等问题[25,26]。很多学者通过绘制多种常用连杆机构输出曲线(包括输出函数曲线和连杆轨迹曲线)的图谱，为设计者进行机构设计和机构创新提供了极大的便利。但此方法仅能提供部分机构输出曲线的图谱，且效率和精度较低[27]。数值图谱法能在一定程度上弥补曲线图谱法的不足，但只能对整周期设计要求的尺度综合问题进行求解。在实际尺度综合问题中，往往只要求完成某一特定区间上的尺度综合，如雷达俯仰搜索机构和自卸车液压举升机构等。当该区间较小时，可以用少量的采样点对设计要求进行较为准确地描述，然后通过解析法进行求解。但当区间较大时，仅依靠有限的几个采样点很难准确地描述给定函数曲线或连杆轨迹曲线的特点。利用多位置、整周期给定设计要求的尺度综合方法进行求解时，需要对给定区间补充若干采样点，将设计要求拓展成为周期函数曲线，再运用数值图谱法进行求解。然而，该方法只能使设计结果对拓展后的整周期输出曲线整体进行逼近，无法保证对特定的相对转动区间(即输入构件相对起始角的转动区间)进行逼近[28]。对此类问题，目前还缺乏有效的方法，因此给出一个适用于多位置、任意给定相对转动区间的连杆机构尺度综合方法有重要的理论意义和实用价值。

随着经济全球化进程的推进，市场对产品的要求也发生了巨大变化。产品用户化定制、生命周期缩短、产品复杂度不断提高等都对产品设计提出更高的要求，机械产品设计也不例外。机械产品设计是个复杂的过程，然而竞争激烈的市场却要求在不断缩短的设计周期内开发出性能更加优异的产品，并且要求设计具有更大的创新性。因此，要实现短周期的复杂机构创新设计，就必须借助计算机辅助实现机构创新设计过程的自动化和智能化。邹慧君等指出：机械系统的概念设计理论和方法虽然得到一定程度的深入研究，但对机械系统自动化设计的理论、方法及其辅助软件仍有待进一步的研究和开发[29]。王国彪等指出：在机构创新设计领域，对工程化的软件设计工具需求越发强烈[30]。同样，刘辛军等指出：工业 4.0 及智能制造是工业发展的必然趋势[31]。因此，建立一个能够实现连杆机构任意给定相对转动区间的尺度综合计算机辅助设计(computer aided design，CAD)系统，不仅可以实现连杆机构设计的快速化、智能化和自动化，还可以帮助企业降低开发成本、缩短开发时间、提高产品质量，产生良好的经济效益和社会效益。

1.2 连杆机构尺度综合的研究现状

连杆机构在理论上富于变化，机构与运动副之间的不同搭配能形成多种性能不同的机构。连杆上的点可再现复杂代数曲线-连杆曲线。主动杆件的输入与从动杆件的输出之间能够形成各种函数关系。连杆机构的综合以给定的运动要求或动力要求按机构类型决定机构的各杆尺寸。根据要实现的从动件的运动规律，一般将其分为三个基本问题。

(1) 刚体导引机构综合(位置综合)。该综合要求连杆机构能够导引某刚体按规定次序精确地经过若干个给定的位置。其中既包括对连杆轨迹的要求，又包括对刚体转角的要求。

(2) 函数生成机构综合。该综合要求连杆机构的输入和输出构件间的位移关系满足预先给定的函数关系，即对于任意给定的函数，综合出能够实现该函数的一个连杆机构。

(3) 轨迹生成机构综合。该综合要求连杆上的某点沿给定的轨迹运动。

机构综合的理论发展已历经近 1 个多世纪，总体可以分为解析法和图谱法。

1.2.1 解析法进行连杆机构尺度综合研究现状

对于连杆机构的尺度综合问题，国内外学者已进行了大量的工作，至今仍是机构学研究的难点之一。近年来，国内外众多学者对该问题进行了深入研究，取得很多重要成果，其中以解析法的研究最为广泛和系统。解析法可分为精确点法和近似综合法两大类。

1. 精确点法

精确点法进行连杆机构尺度综合有两个关键问题：一是根据给定精确位置建立方程组或目标函数；二是对建立的方程组进行求解或根据目标函数选用合适的优化算法进行优化。早在 1955 年，Freudenstein 就提出著名的 Freudenstein 方程，建立了平面四杆机构输入与输出函数关系表达式[32]。随后，众多学者利用精确点法对连杆机构尺度综合问题进行了深入研究[33-36]。其中，以平面四杆机构的研究最为广泛。基于 Galerkin 法，Akcali 等提出 5 位置设计要求的平面四杆机构函数综合方法[37]。Mirmahdi 等将机构的杆长、起始角，以及连杆转角作为设计变量，利用多种优化算法对 5 位置给定设计要求的平面四杆机构函数综合问题进行求解，并讨论了不同优化算法对综合结果的影响[38]。在此基础上，Kim 等将 Taguchi 法与随机坐标搜索算法相结合，提出平面四杆机构少位置点轨迹综合的混合优化方法[39]。Li 等提出利用傅里叶级数描述平面四杆机构输出函数曲线的方法，结合平面四杆机构闭环矢量方程，建立优化目标函数，实现了平面四杆机构函数综合[40]。Wang 等提出 5 位置刚体导引综合的旋转标线法，并开发了适用于少位置刚体导引综合的 CAD 软件，据此设计出满足给定设计要求的多种平面四杆机构(包括曲柄摇杆机构、双摇杆机构和双曲柄机构)[41]。Brake 等提出 5 位置设计要求的平面四杆机构刚体导引综合方法[42]。对于球面连杆机构尺度综合问题，Zimmerman 根据球面四杆机构各构件之间的几何关系，建立了球面四杆机构输出函数的数学模型，对球面四杆机构 4 位置函数综合问题进行了研究[43]。Alizade 等将球面四杆机构各构件对应劣弧的圆心角，以及输出角参考平面作为设计条件建立了优化目标函数，通过求解三次多项式，实现球面四杆机构 5 位置函数综合问题的求解[44]。Shirazi 利用工程技术软件 Maple 建立了球面四杆机构输出刚体转角的数学模型，基于 Burmester 理论，提出球面四杆机构 4 位置刚体导引综合方法[45,46]。与平面四杆机构和球面四杆机构相比，空间连杆机构的结构更加复杂，因此空间连杆机构可以实现更加复杂的设计需求。Jimemez 等建立了机构输出函数曲线和轨迹曲线的约束方程，利用拟牛顿迭代法实现了空间连杆机构的尺度综合[47]。Rao 等建立了一个转动副和三个圆柱副(revolute cylindric cylindric cylindric，RCCC)机构，二个转动副、一个圆柱副及和一个移动副(revolute cylindric revolute prismatic，RCRP)机构，二个转动副和二个球面副(revolute spherical spherical revolute，RSSR)机构的输出函数的数学模型，结合 Freudenstein 方程，对空间连杆机构函数综合问题进行了深入研究，提出空间连杆机构 5 位置设计要求的函数综合方法[48]。Zhao 等基于奇异值分解算法，将 5 位置刚体导引综合问题转化为 4 次方程的求解问题，为多环机构(Watt I、II 型机构，Stephenson I、II、III 型六杆机构)刚体导引综合问题的求解提供了一个有效的方法[49]。Cervantes-Sánchez 等对空间四个转动副和一个圆柱副(revolute revolute revolute cylindric revolute，RRRCR)机构 6 位置函数综合问题进行了研究，并建立求解目标机构尺寸参数的非线性方程组[50]。Maaroof 等建立了双球面六杆机构输出函数的数学模型，利用插值法确定机构的尺寸参数，从而化简目标函数，实现了过约束双球面六杆机构 4 位置设计要求的函数综合[51]。曹惟庆系统介绍了采用精确点法进行平面连杆机构尺度综合的步骤和方法，并给出大量的算例和程序[52]。韩建友等深入阐述了少位置平面及空间连杆机构尺度综合的现代综合理论与方法，并开发了相应的机构综合 CAD 软件[53]。

上述精确点法可以很好地对少位置给定设计要求连杆机构尺度综合问题进行求解，但由于受给定设计要求的位置数不能超过建立方程数目的限制，给定设计要求的精确位置数一般不超过 9 个。因此，对于实际工程中多位置、大范围及多工况等情况，使用精确点法求解往往难以实现。

2. 近似综合法

近似综合法的总体思路是在给定的设计要求下，按照建立的目标函数，改变设计变量，寻求最佳的设计方案。因此，目标函数、设计变量和约束条件就构成近似综合法的三个基本问题。众多学者基于不同的数学理论，提出多种方法来求解平面、球面和空间连杆机构的多位置设计要求尺度综合问题[54-64]。对于平面四杆机构多位置设计要求尺度综合问题，Bulatović 等建立了平面四杆机构连杆轨迹的数学模型，用一系列直线段和圆弧代替采样点描述平面四杆机构连杆轨迹曲线，进而利用差分进化法实现平面四杆机构轨迹综合问题的求解[65]。在此基础上，Matekar 等改进尺度综合的差分进化方法，建立误差函数和连杆机构尺寸参数的优化目标函数，实现了连杆机构多位置轨迹综合问题的求解[66]。通过分析平面四杆机构连杆轨迹曲线的特点，Cabrera 等对平面四杆机构连杆轨迹曲线进行分类，建立对应的优化目标函数，利用遗传算法对四杆机构轨迹综合问题进行求解[67]。Luo 等提出一种全局优化的尺度综合方法，实现了 18 个优化设计变量的连杆机构尺度综合问题的求解[68]。Zhao 等利用贪心搜索算法对多位置设计要求的平面四杆机构刚体导引综合问题进行研究,并利用提出的尺度综合方法对医疗康复座椅进行设计[69]。Lin 将遗传算法与差分进化算法相结合,利用差分进化算法中的交叉算子代替遗传算法中的交叉算子实现平面四杆机构的轨迹综合[70]。基于连杆运动映像曲线的傅里叶描述,谢进等提出利用连杆运动映像曲线和 BP 神经网络实现连杆机构多位置设计要求轨迹综合的方法[71]。Liu 等提出平面四杆机构连杆轨迹曲线的精确参数描述方法,结合人工免疫的多峰函数优化算法,实现平面四杆机构轨迹综合的求解,为平面四杆机构轨迹综合提供了一个有效的方法[72]。Farhang 等对小曲柄球面四杆机构输出函数的数学模型进行分析,发现了曲柄输入角与机构输出角之间的关系,进而提出球面四杆机构输出函数曲线的近似描述方法,并讨论了机构的运动可行域和误差范围[73]。Bodduluri 等将传统精确点法与近似综合法相结合,提出同时适用于少位置设计要求和多位置设计要求的球面四杆机构刚体导引综合方法[74]。基于映射曲线,Ge 等提出球面四杆机构刚体导引综合的非统一均分有理性 B 样条(non-uniform rational B-splines,NURBS)方法[75]。在此基础上,Tse 等利用四元数建立了球面四杆机构连杆轨迹的数学模型,提出球面四杆机构轨迹综合的方法,并开发球面四杆机构轨迹综合 CAD 系统[76]。Peñuñuri 等利用差分进化算法对平面四杆及平面六杆机构尺度综合问题进行研究[77]。该方法同样适用于求解预定时标的球面四杆机构轨迹综合问题[78]。Sancibrian 等提出适用于多环机构刚体导引综合的近似综合法[79]。王德伦等系统阐明连杆机构运动的统一曲率理论,给出空间曲线曲面成为约束曲线曲面的充要条件,建立了平面、球面和空间机构运动综合的统一理论与方法,并在理论上确认了机构运动综合解的存在性和局部迭代收敛性[80-82]。

近似综合法可以较好地实现多位置给定设计要求机构尺度综合问题的求解,克服精确点数目的限制,并且可以提供多个设计方案以供选择,是一种较为快速有效的综合方法。但大部分近似综合法都不可避免地涉及非线性方程组的求解或优化。无论是平面连杆机构、球面连杆机构,还是空间连杆机构都存在多种目标函数形式,在近似综合法中,通常需要按所要综合的机构建立约束方程,然后把目标函数与约束方程转化为数学上的非线性规划问题求解。约束方程性质和求解方法不但因综合机构的不同而异,而且其误差评价标准难以一致,因此难以确定方程解的存在性和迭代收敛性。此外,优化求解受到初值选取、目标函数性态和寻优方法的影响,难以得到稳定的全域解。

1.2.2　图谱法进行连杆机构尺度综合研究现状

1. 曲线图谱法

图谱法可分为曲线图谱法和数值图谱法两大类。曲线图谱法作为机构综合的传统方法，在 20 世纪六七十年代被广泛应用于机构综合中。应用曲线图谱进行机构综合可以简化设计过程，操作人员只需将给定目标曲线与图谱册中整理汇集的连杆曲线进行比对，从中选出与给定曲线最为相似的曲线，即可确定机构的尺寸型。早在 1941 年，Alt 就致力于为设计者提供曲线图谱的研究工作，以便设计者能从图谱中方便地获得满足实际要求的连杆机构[83]。随后，Hrones 等绘制了经典的 Hrones-Nelson 图谱，其中包括近 10 000 条平面四杆机构连杆轨迹曲线[84]。Zhang 等绘制了传动比分别为+1、–1、+2、–2 的五杆机构连杆轨迹曲线图谱[85]。王成云等利用计算机绘制了更为精确的平面四杆机构输出函数曲线和轨迹曲线图谱[86]。刘葆旗等建立了多杆直线导向机构的设计方法并绘制了多杆直线导向机构的连杆轨迹曲线图谱[87]。Li 等对含有一个转动副及二个移动副(revolute prismatic prismatic，RPP)的七杆机构的直线位移输出问题进行研究。根据双曲柄和三曲柄七杆机构的连杆点的工作空间和行程，结合直线输出位移、工作空间、行程和结构参数之间的内在联系，建立不同连杆点和不同连杆结构角的工作空间区域图谱，进而实现可控七杆机构任意往复直线运动的设计[88]。

曲线图谱法的主要特点是直观，可以把握机构大体的运动趋势和形状，避免顺序和分支问题，还可为其他综合方法提供最佳初值。但它不能避免的问题是人工在现有的图谱中查找与给定设计要求近似的连杆机构输出曲线效率较低、分辨精度较差，设计结果精度难以保证。

2. 数值图谱法

数值图谱法作为传统图谱法的分支，发展只有短短的二三十年。数值图谱法可以克服曲线图谱法存在的检索效率低，图谱包含尺寸型较少的弊端。由于操作简单、检索速度快、匹配精度高，数值图谱法很快被业内学者接受并大量应用于机构综合问题的研究中。数值图谱的应用可以较好地解决连杆机构的尺度综合问题，且综合精度也较高，代表尺度综合的一个研究方向[30]。数值图谱法的基本思路是，首先将大量连杆机构输出曲线的特征进行参数化处理，如利用 B 样条曲线[89]、傅里叶级数[90-92]、小波系数[93]、输出曲线曲率半径及相对转角[94,95]等方法提取连杆机构输出曲线的特征参数，然后将特征参数储存在图谱库中，最后根据给定的设计要求，对目标机构进行匹配识别，检索出满足设计要求的连杆机构尺寸参数。

李震等根据数学形态学分析方法提出连杆机构轨迹曲线的二值化图像特征描述方法，消除机构平移、旋转及放缩对轨迹曲线特征参数的影响，建立目标机构匹配识别的相似度函数[96]。Unruh 等利用周期 B 样条曲线对平面四杆机构连杆轨迹曲线进行描述[97]，结合数值图谱法，实现了平面四杆机构整周期多位置点的轨迹综合问题的求解。黄灿明等将优化算法与数值图谱法相结合，基于 B 样条插值曲线理论，提出一种先近似检索，再精确匹配的四杆机构轨迹综合方法[98]。于红英等利用三次非均匀 B 样条曲线对连杆轨迹曲线进行拟合并提取特征参数, 将特征参数与四杆杆长及连杆上任意一点 P 的位置参数储存在一起, 建立数值图谱库, 然后通过人工神经网络在数值图谱库中匹配目标机构尺寸型[99]。由于上述方法屏蔽了机构整体缩放(对应部分的变化加上标表示, 如 P 对应变为 P' 余同), 机架安装位置及安装角度变化对特征参数的影响(图 1.2.1), 因此可以有效降低机构尺寸型数据库的维度, 减少图谱库中的数据冗余。但是, 由于连杆上任意一点 P 的位置参数的改变对特征参数存在影响(图 1.2.2), 利用上述方法进行轨迹综合时, 需要将 P 点位置参数作为独立变量存储在数据库中, 因此建立的数值图谱库中涵盖的机构基本尺寸型较少, 占用空间较大, 综合结果精度不高。

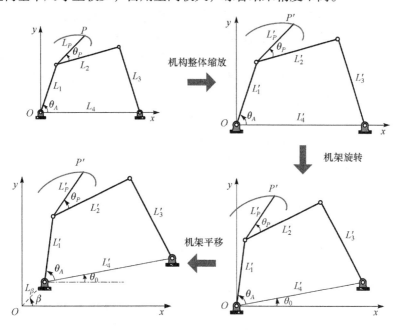

图 1.2.1 给定平面四杆机构及基本变换后所得机构示意图

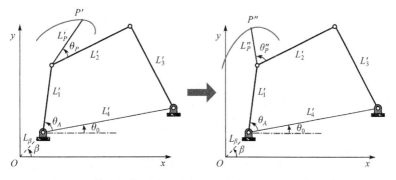

图 1.2.2 给定机构及改变连杆上 P 点位置后所得机构示意图

　　针对这一问题，McGarva 等将傅里叶级数法引入连杆机构尺度综合中[100]，进而提出利用傅里叶级数描述四杆机构连杆轨迹曲线的方法，并给出各项谐波特征参数的几何意义[101,102]。在此基础上，褚金奎等对连杆机构轨迹综合问题进行了深入研究，通过分析发现，对于整周期连杆轨迹曲线，利用 5 项谐波特征参数可以描述机构轨迹曲线特点，进而建立连杆机构轨迹曲线的谐波特征参数数据库[103]。Li 等利用傅里叶级数法对平面四杆机构刚体导引综合问题进行研究[104]。基于平面四杆机构轨迹综合的研究成果，Chu 等将傅里叶级数法推广到球面四杆机构尺度综合中[105]，利用球面四杆机构连杆轨迹曲线在坐标轴和复平面上的分量表示轨迹曲线，提出球面四杆机构连杆轨迹曲线的谐波特征参数描述方法，进而消除连杆上任意一点位置参数变化，以及机构绕单一坐标轴旋转对特征参数的影响，建立包含 148 995 组球面四杆机构连杆轨迹曲线的数值图谱。但是，受轨迹曲线数学模型和特征提取方法的制约，机构的机架安装角度变化对连杆轨迹曲线的特征参数存在影响，同时无法根据特征参数计算出机架安装角度的变化量，因此极大地限制了轨迹曲线图谱的能力。针对这一问题，Mullineux 提出球面轨迹曲线的归一化处理方法，将轨迹曲线中心点和坐标原点所在轴线作为球面轨迹曲线的中心轴。通过旋转轨迹曲线，使轨迹曲线的中心轴与坐标轴重合，再利用傅里叶级数法提取轨迹曲线的谐波特征参数，消除机架安装角度对特征参数的影响。利用建立的数值图谱库，实现球面四杆机构轨迹综合问题的求解[106]。对于空间连杆机构尺度综合问题，Sun 等建立了空间二个转动副和二个球面副(revolute revolute spherical spherical，RRSS)机构和 RCCC 机构连杆轨迹的数学模型。结合一维傅里叶级数和二维傅里叶级数，提出空间连杆机构的谐波特征参数描述方法，消除了机架安装位置变化、机构整体缩放，以及连杆 P 点位置变化对谐波特征参数的影响，利用数值图谱法实现了空间连杆机构轨迹综合问题的求解[107,108]。在此基础上，Sun 等将基于傅里叶级数的数值图谱法推广到球面连杆机构及空间连杆机构刚体导引综合中，实现多位置、整周期连杆机构刚体导引综合问题的求解[108-110]。

　　上述基于傅里叶级数的连杆机构尺度综合方法提取的谐波特征参数不仅与机架位置、机架偏转角度及机构整体缩放无关，也与连杆 P 点的位置无关。与基于 B 样条曲线的连杆机构轨迹综合方法相比，傅里叶级数法建立的特征参数数据库只存储基本尺寸型和对应的五项谐波特征参数。相同条件下，傅里叶级数法建立的数值图谱库涵盖的机构尺寸型更多，综合结果的精度更高。

　　傅里叶级数法可以很好地实现整周期给定设计要求的尺度综合，但是在很多实际工程问题中，设计要求往往是整周期曲线的一部分，即非整周期设计要求。设计结果只要保证输入构件在特定转动区间满足给定设计要求即可。由于输入构件的起始角和转动区间是独立变量，因此与整周期设计要求的尺度综合相比，非整周期尺度综合的设计参数更多，输出曲线特征提取更加困难，综合过程也更加复杂。利用傅里叶级数法求解非整周期设计要求的尺度综合问题时，需要对给定的非整周期设计要求补充若干采样点，再根据拓展得到的整周期设计条件，利用建立的数值图谱库进行尺度综合。然而，该方法只能使设计结果对拓展后的整周期设计要求进行整体逼近，无法保证对特定区间进行逼近。针对这一问题，Wu等利用傅里叶级数理论对非整周期设计要求的平面四杆机构轨迹综合问题进行了深入的研究，给出同时适用于整周期和非整周期设计要求的轨迹综合方法[112]。在此基础上，Yue等将基于傅里叶级数的非整周期设计要求尺度综合方法进一步完善，利用P型傅里叶级数描述四杆机构连杆轨迹曲线，并开发出一套能够实现非整周期设计要求的CAD软件[113]。然而，由于傅里叶级数自身的局限性，基于傅里叶级数的非整周期尺度综合方法得到的设计结果精度往往不高，并且综合过程耗时较长。

随着小波理论的日益完善，其可在不同尺度下对曲线的近似分量和细节分量进行特征提取的特点受到广泛关注，基于小波系数的尺度综合方法也逐渐发展起来。吴鑫等提出基于小波特征参数的平面四杆机构函数综合方法，利用Daubechies小波描述平面四杆输出函数曲线的特征[114,115]。王成志等利用Haar小波(即一阶Daubechies小波)对平面四杆机构连杆轨迹曲线进行特征提取，将64种典型的四杆机构杆长组合与180个连杆上P点位置参数结合，建立了包括11 520组机构尺寸参数的数值图谱库[116]。Galán-Marín等将连杆机构轨迹曲线的Daubechies小波描述方法与神经网络识别方法结合，提出一种适用于非均匀时标设计条件的整周期轨迹综合方法[117]。与基于B样条曲线的尺度综合方法相比[89,97-99]，基于小波系数的连杆机构尺度综合方法建立的数值图谱库中存储的特征参数的数量更少，可以减少匹配识别负担和图谱库占用磁盘空间，增加图谱库中涵盖的机构尺寸型数量，提高综合精度。与基于傅里叶级数的轨迹综合方法相比[101-113]，基于小波系数的尺度综合方法对非整周期输出曲线的描述更加准确，可以弥补傅里叶级数法无法对特定区间进行尺度综合的不足，但将该理论应用于连杆机构非整周期设计要求尺度综合问题的研究目前还处于起步阶段。因此，借助小波理论，将数值图谱法引入实现连杆机构非整周期尺度综合是一个值得研究的问题。

1.3　本书的研究方法

综上所述，数值图谱法在连杆机构尺度综合问题的求解中有其独特的优势，但将其应用于求解连杆机构多位置、非整周期设计要求尺度综合问题的理论方法研究还比较薄弱。因此，本书以常用连杆机构(平面四杆机构、平面五杆机构、平面六杆机构、球面四杆机构、空间RCCC机构和空间RSSR/RRSS机构)为研究对象，基于小波理论和数值图谱法的研究思路，提出连杆机构非整周期尺度综合的输出小波特征参数法，给出连杆机构输出曲线(包括输出函数曲线和连杆轨迹曲线)的小波系数描述方法。通过预处理、小波分解、归一化处理等方法消除机构安装位置变化、机构整体缩放，以及连杆上 P 点位置变化对输出小波特征参数的影响，建立常用连杆机构输出曲线的动态自适应图谱库。通过比较目标曲线的输出小波特征参数与图谱库中存储的机构尺寸型生成机构输出小波特征参数的相似度，确定目标机构的尺寸型，同时结合优化算法对所得尺寸型进行优化。在此基础上，推导计算目标机构实际尺寸及安装位置参数的理论公式，实现连杆机构非整周期尺度综合问题的求解，为常用连杆机构多位置、非整周期尺度综合提供了一个有效的方法。输出小波特征参数法解决连杆机构非整周期尺度综合的基本思路如图 1.3.1 所示。最后，将基于输出小波特征参数的连杆机构非整周期尺度综合方法与基于傅里叶级数的连杆机构整周期尺度综合方法相结合，开发连杆机构尺度综合的 CAD 系统，并对滚压包边设备的滚轮进给机构进行设计。

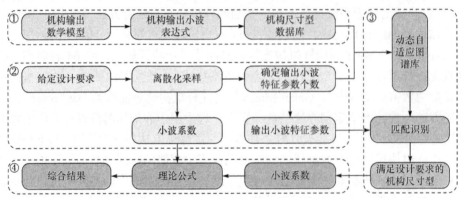

图 1.3.1　输出小波特征参数法解决连杆机构非整周期尺度综合的基本思路

本书的主要研究内容如下。

① 连杆机构非整周期输出曲线的描述方法研究。根据小波分解理论，建立连杆机构非整周期输出函数曲线和连杆轨迹曲线的小波系数表达式，进而给出小波系数在连杆机构输出曲线中的几何意义。在此基础上，分析连杆机构输出曲线与对应小波系数的内在联系，提出连杆机构非整周期输出函数曲线和连杆轨迹曲线的参数化描述方法。

② 连杆机构非整周期输出曲线的动态自适应图谱库建立方法研究。根据连杆机构非整周期输出曲线的小波系数与机构尺寸参数、安装位置参数，以及连杆上 P 点位置参数之间的关系，提出机构输出曲线小波细节系数的归一化处理方法，进而消除机架平移和旋转、杆长等比例缩放，以及连杆上 P 点位置变化对特征参数的影响。在不减少机构输出曲线种类的前提下，可以达到剔除数据库中重复尺

寸型的目的。在此基础上，根据给定设计条件，建立连杆机构输出曲线的动态自适应图谱库。

③ 目标机构尺寸型的匹配识别和实际尺寸及安装位置的计算方法研究。基于模糊识别理论，利用给定曲线的输出小波特征参数与图谱库中存储的输出小波特征参数之间的误差度量给定曲线与图谱库中存储的机构尺寸型生成机构输出曲线的相似程度，从而快速从图谱库中检索出满足设计要求的连杆机构尺寸型。数据库中的尺寸型以一定步长间隔建立，但数据库没有涵盖所有的机构尺寸型，为获得全域最优解，可以利用优化算法对匹配识别得到的机构尺寸型进行优化。根据一般安装位置连杆机构输出曲线的小波系数和标准安装位置连杆机构输出曲线小波系数之间的关系，推导机构实际杆长和安装位置的理论计算公式，给出常用连杆机构非整周期函数综合和轨迹综合的理论方法。

④ 连杆机构尺度综合 CAD 系统开发及应用。在输出小波特征参数进行连杆机构非整周期尺度综合方法研究的基础上，结合傅里叶级数进行连杆机构整周期设计要求尺度综合方法的研究成果，开发基于数值图谱的常用连杆机构尺度综合 CAD 系统，并对滚压包边设备的滚轮进给机构进行设计。以滚压路径为设计条件，设计满足给定设计要求的平面四杆机构杆长尺寸和安装参数，从而利用四杆机构取代目前普遍采用的工业机器人来带动滚轮实现滚压包边，为滚压包边提供新的思路。

参 考 文 献

[1] 邹慧君, 高峰. 现代机构学进展. 第 1 卷. 北京: 高等教育出版社, 2007.

[2] Mcdonald M, Agrawal S K. Design of a bio-inspired spherical four-bar mechanism for flapping-wing micro air-vehicle applications. Journal of Mechanisms and Robotics, 2010, 2(2):945-953.

[3] Mutawe S K, Al-Smadi Y M, Sodhi R S. Designing four-bar linkages for path generation with worst case joint clearances. Engineering Letters, 2012, 20(2):143-147.

[4] Lee C K, Cheng Y C. Significant factors identification for particle swarm optimization algorithm to solving the design optimization problem of a four-bar linkage for path generation. Applied Mechanics and Materials, 2012, 249:1180-1187.

[5] Hao W. Dimensional synthesis and optimal type selection of planar mechanisms based on nested particle swarm optimization. Journal of Mechanical Engineering, 2013, 49(13):32.

[6] Kim B S, Yoo H. Unified mechanism synthesis method of a planar four-bar linkage for path generation employing a spring-connected arbitrarily sized rectangular block model. Multibody System Dynamics, 2014, 31(3):241-256.

[7] Bai S, Angeles J. Coupler-curve synthesis of four-bar linkages via a novel formulation. Mechanism and Machine Theory, 2015, 94:177-187.

[8] Jacek B. A method for optimal path synthesis of four-link planar mechanisms. Inverse Problems in Engineering, 2015, 23(5):33.

[9] Hernández-Ocaña B, Pozos-Parra M D, Mezura-Montes E, et al. Two-swim operators in the modified bacterial foraging algorithm for the optimal synthesis of four-bar mechanisms. Computational Intelligence and Neuroscience, 2016, 2016:1-18.

[10] Lin W Y, Hsiao K M. A new differential evolution algorithm with a combined mutation strategy for optimum synthesis of path-generating four-bar mechanisms. Proceedings of the Institution of Mechanical Engineers, Part C: Journal of Mechanical Engineering Science, 2017, 231(14): 2690-2705.

[11] Singh R, Chaudhary H, Singh A K. Defect-free optimal synthesis of crank-rocker linkage using nature-inspired optimization algorithms. Mechanism and Machine Theory, 2017, 116:105-122.

[12] Hesscoelho T A. A redundant parallel spherical mechanism for robotic wrist applications. Journal of Mechanical Design, 2007, 129(8):891-895.

[13] Nie X C, Krovi V. Fourier methods for kinematic synthesis of coupled serial chain mechanisms. Journal of Mechanical Design, 2005, 127(2):232-241.

[14] Belfiore N P, Simeone P. Inverse kinetostatic analysis of compliant four-bar linkages. Mechanism and Machine Theory, 2013, 69:350-372.

[15] Wu C, Liu X J, Wang L, et al. Optimal design of spherical 5R parallel manipulators considering the motion/force transmissibility. Journal of Mechanical Design, 2010, 132(3):31002.

[16] Hadizadeh K S, Nahvi A. Optimal synthesis of four-bar path generator linkages using circular proximity function. Mechanism and Machine Theory, 2017, 115:18-34.

[17] Ettefagh M M, Javash M S. Optimal synthesis of four-bar steering mechanism using AIS and genetic algorithms. Journal of Mechanical Science and Technology, 2014, 28(6):2351-2362.

[18] Zhang J, Du X. Time-dependent reliability analysis for function generation mechanisms with random joint clearances. Mechanism and Machine Theory, 2015, 92:184-199.

[19] 王知行, 关立文, 李建生,等. 平面四杆机构综合数值比较法的研究. 机械工程学报, 2000, 2:47-50.

[20] Wampler C W, Morgan A P, Sommese A J. Complete solution of the nine-point path synthesis problem for four-bar linkages. Journal of Mechanical Design, 1992, 114(1):153.

[21] 王成志, 张全明, 王淑可,等. 基于单杆矢量的机构复合分离位置函数综合. 中国机械工程, 2016, 27(2):187-194.

[22] Mendoza-Trejo O, Cruz-Villar C A, Peón-Escalante R, et al. Synthesis method for the spherical 4R mechanism with minimum center of mass acceleration. Mechanism and Machine Theory, 2015, 93:53-64.

[23] Geng X, Wang X, Wang L, et al. Non-probabilistic time-dependent kinematic reliability assessment for function generation mechanisms with joint clearances. Mechanism and Machine Theory, 2016, 104:202-221.

[24] Tari H, Su H J, Li T Y. A constrained homotopy technique for excluding unwanted solutions from polynomial equations arising in kinematics problems. Mechanism and Machine Theory, 2010, 45(6):898-910.

[25] Liu W R, Sun J W, Chu. J K.Synthesis of a spatial RRSS mechanism for path generation using the numerical atlas method. Journal of Mechanica Design, 2020, 142(1): 12303.

[26] 刘文瑞, 孙建伟, 褚金奎. 基于小波特征参数的平面四杆机构轨迹综合方法. 机械工程学报, 2019, 55(9):18-28.

[27] 王知行, 陈照波, 江鲁. 利用连杆转角曲线进行平面连杆机构轨迹综合的研究. 机械工程学报, 1995, 31(1):42-47.

[28] 孙建伟, 褚金奎. 用快速傅里叶变换进行球面四杆机构连杆轨迹综合. 机械工程学报, 2008, 44(7):32-37.

[29] 邹慧君, 李瑞琴, 郭为忠, 等. 机构学 10 年来主要研究成果和发展展望. 机械工程学报, 2003, 39(12):22-30.

[30] 王国彪, 刘辛军. 初论现代数学在机构学研究中的作用与影响. 机械工程学报, 2013, 49(3):1-9.

[31] 刘辛军, 谢富贵, 汪劲松. 当前中国机构学面临的机遇. 机械工程学报, 2015, 51(13):2-12.

[32] Freudenstein F. Approximate synthesis of four-bar linkages. Transactions of the ASME, 1955, 77:853-861.

[33] Suh C H, Radcliffe C W. Synthesis of plane linkage with use of the displacement matrix. Journal of Engineering for Industry, 1967, 89(2):206-214.

[34] Ali H, Murray A P, Myszka D H. The synthesis of function generating mechanisms for periodic curves using large numbers of double-crank linkages. Journal of Mechanisms and Robotics, 2017, 9(3):31002.

[35] Chiang C H. Kinematics and Design of Planar Mechanisms. Florida: Krieger Publishing Company, 2000.

[36] Lan Z, Zou H J, Lu L M. Kinematic decomposition of coupler plane and the study on the formation and distribution of coupler curves. Mechanism and Machine Theory, 2002, 37(1): 115-126.

[37] Akcali I D, Dittrich G. Function generation by Galerkin's method. Mechanism and Machine Theory, 1989, 24(1):39-43.

[38] Mirmahdi S H, Norouzi M. On the comparative optimal analysis and synthesis of four-bar function generating mechanism using different heuristic methods. Meccanica, 2013, 48(8): 1995-2006.

[39] Kim J W, Jeong S M, Kim J, et al. Numerical hybrid Taguchi-random coordinate search algorithm for path synthesis. Mechanism and Machine Theory, 2016, 102:203-216.

[40] Li X G, Wei S M, Liao Q Z, et al. A novel analytical method for function generation synthesis of planar four-bar linkages. Mechanism and Machine Theory, 2016, 101:222-235.

[41] Wang Z X, Yu H Y, Tang D W, et al. Study on rigid-body guidance synthesis of planar linkage. Mechanism and Machine Theory, 2002, 37(7):673-684.

[42] Brake D A, Hauenstein J D, Murray A P, et al. The complete solution of Alt-Burmester synthesis problems for four-bar linkages. Journal of Mechanisms and Robotics, 2016, 8(4):41018.

[43] Zimmerman J R. Four-precision point synthesis of the spherical four-bar function generator. Journal of Mechanisms, 1967, 2(2):133-139.

[44] Alizade R I, Kilit Ö. Analytical synthesis of function generating spherical four-bar mechanism for the five precision points. Mechanism and Machine Theory, 2005, 40:863-878.

[45] Shirazi K H. Synthesis of linkages with four points of accuracy using maple-V. Applied Mathematics and Computation, 2005, 164(3):731-755.

[46] Shirazi K H. Computer modeling and geometric construction for four-point synthesis 4R spherical linkages. Applied Mathematical Modelling, 2007, 31(9):1874-1888.

[47] Jimemez J M, Alcarez G. A simple and general method for kinematic synthesis of spatial mechanisms. Mechanism and Machine Theory, 1997, 32(3):323-341.

[48] Rao A V M, Sandor G N, Kohli D, et al. Closed form synthesis of spatial function generating mechanism for the maximum number of precision points. Journal of Engineering for Industry, 1973, 95(3):725-736.

[49] Zhao P, Li X Y, Purwar A, et al. A task-driven unified synthesis of planar four-bar and six-bar linkages with R-and P-Joints for five-position realization. Journal of Mechanisms and Robotics, 2016, 8(6):61003.

[50] Cervantes-Sánchez J J, Rico-Martínez J M, Pérez-Muñoz V H. A bitangilagy function generation with the RRRCR spatial linkage. Mechanism and Machine Theory, 2014, 74:58-81.

[51] Maaroof O W, Dede M I C. Kinematic synthesis of over-constrained double-spherical six-bar mechanism. Mechanism and Machine Theory, 2014, 73:154-168.

[52] 曹惟庆. 连杆机构的分析与综合. 北京: 科学出版社, 2002.

[53] 韩建友, 杨通, 尹来容, 等. 连杆机构现代综合理论与方法: 解析理论、解域方法及软件系统. 北京: 高等教育出版社, 2013.

[54] Ma O, Angeles J. Performance evaluation of path-generating planar, spherical and spatial four-bar linkages. Mechanism and Machine Theory, 1988, 23(4):257-268.

[55] Jimemez J M, Alvarez G, Cardenal J, et al. A simple and general method for kinematic synthesis of spatial mechanisms. Mechanism and Machine Theory, 1997, 32(3):323-341.

[56] Morgan A P, Wampler C W. Solving a planar four-bar design problem using continuation. Journal of Mechanical Design, 1990, 112(4):544-550.

[57] Subbian T, Flugrad D R. Four-bar path generation synthesis by continuation method. Journal of Mechanical Design, 1991, 113(4):63-69.

[58] 胡新生, 伍铙宇, 宗志坚, 等. 连杆机构极大极小函数综合的有效方法. 机械工程学报. 1997, 33(2):1-7.

[59] 张均富, 徐礼矩, 王杰.可调球面六杆机构轨迹综合. 机械工程学报, 2007, 43(11):50-55.

[60] 安培文, 黄茂林.平面曲柄摇杆机构自调结构的分析与设计. 机械工程学报, 2004, 40(5):11-16.

[61] Chanekar P V, Fenelon M A A, Ghosal A. Synthesis of adjustable spherical four-link mechanisms for approximate multi-path generation. Mechanism and Machine Theory, 2013, 70:538-552.

[62] Matekar S B, Gogate G R. Optimum synthesis of path generating four-bar mechanisms using differential evolution and a modified error function. Mechanism and Machine Theory, 2012, 52:158-179.

[63] Zhao J S, Yan Z F, Ye L. Design of planar four-bar linkage with n specified positions for a flapping wing robot. Mechanism and Machine Theory, 2014, 82:33-55.

[64] Ebrahimia S, Payvandyb P. Efficient constrained synthesis of path generating four-bar mechanisms based on the heuristic optimization algorithms. Mechanism and Machine Theory, 2015, 85:189-204.

[65] Bulatović R R, Đorđević S R. Control of the optimum synthesis process of a four-bar linkage whose point on the working member generates the given path. Applied Mathematics and Computation, 2011, 217(23):9765-9778.

[66] Matekar S B, Gogate G R. Optimum synthesis of path generating four-bar mechanisms using differential evolution and a modified error function. Mechanism and Machine Theory, 2012, 52:158-179.

[67] Cabrera J A, Simon A, Prado M. Optimal synthesis of mechanisms with genetic algorithms. Mechanism and Machine Theory, 2002, 37:1165-1177.

[68] Luo Z J, Dai J S. Patterned bootstrap: a new method that gives efficiency for some precision position synthesis problems. Journal of Mechanical Design, 2007, 129(2):173-183.

[69] Zhao P, Li X Y, Zhu L H, et al. A novel motion synthesis approach with expandable solution space for planar linkages based on kinematic-mapping. Mechanism and Machine Theory, 2016, 105:164-175.

[70] Lin W Y. A GA-DE hybrid evolutionary algorithm for path synthesis of four-bar linkage. Mechanism and Machine Theory, 2010, 45:1096-1107.

[71] 谢进, 阎开印, 陈永. 基于 BP 神经网络的平面机构连杆运动综合. 机械工程学报, 2005, 41(2):24-27.

[72] Liu Y, Xiao R B. Optimal synthesis of mechanisms for path generation using refined numerical representation based model and AIS based searching method. Journal of Mechanical Design, 2005, 127(4):688-691.

[73] Farhang K, Zargar Y S. Design of spherical 4R mechanisms: function generation for the entire motion cycle. Journal of Mechanical Design, 1999, 121:521-528.

[74] Bodduluri R M C, McCarthy J M. Finite position synthesis using the image curve of a spherical four-bar motion. Journal of Mechanical Design, 1992, 114(1):55-60.

[75] Ge Q J, Larochelle P M. Algebraic motion approximation with NURBS motions and its application to spherical mechanism synthesis. Journal of Mechanical Design, 1999, 121(4): 529-532.

[76] Tse D M, Larochelle P M. Approximating spatial locations with spherical orientations for spherical mechanism design. Journal of Mechanical Design, 2000, 122:457-463.

[77] Peñuñuri F, Peón-Escalante R, Villanueva C, et al. Synthesis of mechanisms for single and hybrid tasks using differential evolution. Mechanism and Machine Theory, 2011, 46:1335-1349.

[78] Peñuñuri F, Peón-Escalante R, Villanueva C, et al. Synthesis of spherical 4R mechanism for path generation using Differential Evolution. Mechanism and Machine Theory, 2012, 57:62-70.

[79] Sancibrian R, Sarabia E G, Sedano A. A general method for the optimal synthesis of mechanisms using prescribed instant center positions. Applied Mathematical Modelling, 2016, 40(3):2206-2222.

[80] Wang D L, Liu J, Xiao D Z. Kinematic differential geometry of a rigid body in spatial motion-I II III. Mechanism and Machine Theory, 1997, 32(4):419-457.

[81] Wang D L, Wang W. Kinematic Differential Geometry and Saddle Synthesis of Linkages. New York: Wiley, 2015.

[82] 王德伦, 王淑芬. 机构近似综合的统一模型与自适应方法. 中国科学：E 辑, 2004, 34(3): 288-297.

[83] Alt H, Das konstruieren von gelenkvierecken unter benutzung einer kurventafel. VDI-Z, 1941, 85(3):69-72.

[84] Hrones J A, Nelson G L. Analysis of the Four-bar Linkage. New York: Wiley, 1951.

[85] Zhang C, Norton P E R L, Hammonds T. Optimization of parameters for specified path generation using an atlas of coupler curves of geared five-bar linkages. Mechanism and Machine Theory, 1984, 19(6):459-466.

[86] 王成云, 杨基厚. 计算机辅助绘制四杆机构性能图谱. 机械工程学报, 1991, 27(3):1-7.

[87] 刘葆旗, 黄荣. 多杆直线导向机构的设计方法和轨迹图谱.北京：机械工业出版社, 1994.

[88] Li R Q, Dai J S. Workspace atlas and stroke analysis of seven-bar mechanisms with the translation-output. Mechanism and Machine Theory, 2012, 47(1):117-134.

[89] 张新歌. 基于神经网络的铰链四杆机构复演轨迹设计软件的开发. 苏州：苏州大学, 2008.

[90] Ge Q J. Fourier descriptors with different shape signatures: a comparative study for shape based retrieval of kinematic constraints. Chinese Journal of Mechanical Engineering, 2011, 24(5): 723-730.

[91] Freudenstein F. Harmonic analysis of crank-and-rocker mechanisms with application. ASME Journal of Applied Mechanics, 1959, 26:673-675.

[92] 孙晓斌，肖人彬，王雪. 基于曲线几何特征量化提取的轨迹机构检索生成方法. 机械工程学报, 2000, 36(11):98-105.

[93] 刘文瑞. 基于 Haar 小波的四杆机构尺度综合研究. 长春: 长春工业大学, 2015.

[94] 蓝兆辉，邹慧君. 基于轨迹局部特性的机构并行优化综合. 机械工程学报, 1999, 35(5):16-19.

[95] Yu H Y, Tang D W, Wang Z X. Study on a new computer path synthesis method of a four-bar linkage. Mechanism and Machine Theory, 2007, 42(4):383-392.

[96] 李震，桂长林. 连杆曲线特征分析的数学形态学方法. 机械工程学报, 2002, 38(2):27-30.

[97] Unruh V, Krishnaswami P. A computer-aided design technique for semi-automated infinite point coupler curve synthesis of four-bar linkages. Journal of Mechanical Design, 1995, 117(1): 143-149.

[98] 黄灿明，郭海鹏，陈永康，等. 基于 B 样条插值曲线的平面四杆机构轨迹复演优化设计. 机械工程学报, 1998, 34(3):72-79.

[99] 于红英，赵彦微，许栋铭. 平面铰链四杆机构的轨迹综合方法. 哈尔滨工业大学学报, 2015, 47(1):40-47.

[100] McGarva J R, Mullineux G. A new methodology for rapid synthesis of function generators. Proceedings of the Institution of Mechanical Engineers, Part C: Journal of Mechanical Engineering Science, 1992, 206(6):391-398.

[101] Mcgarva J R, Mullineux G. Harmonic representation of closed curves. Applied Mathematical Modelling, 1993, 17(4):213-218.

[102] Mcgarva J R. Rapid search and selection of path generating mechanisms from a library. Mechanism and Machine Theory, 1994, 29(2):223-235.

[103] 褚金奎, 孙建伟. 基于傅里叶级数理论的连杆机构轨迹综合方法. 机械工程学报, 2010, 46(13):31-41.

[104] Li X Y, Zhao P, Ge Q J. A Fourier descriptor based approach to design space decomposition for planar motion approximation. Journal of Mechanisms and Robotics, 2015, 8(6):64501.

[105] Chu J K, Sun J W. Numerical atlas method for path generation of spherical four-bar mechanism. Mechanism and Machine Theory, 2010, 45(6):867-879.

[106] Mullineux G. Atlas of spherical four-bar mechanisms. Mechanism and Machine Theory, 2011, 46(11):1811-1823.

[107] Sun J W, Chu J K, Sun B Y. A unified model of harmonic characteristic parameter method for dimensional synthesis of linkage mechanism. Applied Mathematical Modelling, 2012, 36(12):6001-6010.

[108] Sun J W, Mu D Q, Chu J K. Fourier series method for path generation of RCCC mechanism. Proceedings of the Institution of Mechanical Engineers, Part C: Journal of Mechanical Engineering Science, 2012, 226(3):816-827.

[109] Sun J W, Chen L, Chu J K. Motion generation of spherical four-bar mechanism using harmonic characteristic parameters. Mechanism and Machine Theory, 2016, 95:76-92.

[110] Sun J W, Liu Q, Chu J K. Motion generation of RCCC mechanism using numerical atlas. Journal of Structural Mechanics, 2017, 45(1):62-75.

[111] 褚金奎, 孙建伟. 连杆机构尺度综合的谐波特征参数法. 北京: 科学出版社, 2010.

[112] Wu J, Ge Q J, Gao F, et al. On the extension of a Fourier descriptor based method for planar four-bar linkage synthesis for generation of open and closed paths. Journal of Mechanisms and Robotics, 2011, 3(3):31002.

[113] Yue C, Su H J, Ge Q J. A hybrid computer-aided linkage design system for tracing open and closed planar curves. Computer-Aided Design, 2012, 44(11):1141-1150.

[114] 吴鑫, 褚金奎, 曹惟庆. 平面四杆机构函数输出的小波变换分析. 机械科学与技术, 1998, 17(2):180-182.

[115] 吴鑫, 褚金奎. 基于小波变换的平面四杆机构函数尺度综合研究. 机械科学与技术, 1998, 17(5):704-706.

[116] 王成志, 纪跃波, 孙道恒. 小波分析在平面四杆机构轨迹综合中的应用研究. 机械工程学报, 2004, 40(8):34-39.

[117] Galán-Marín G, Alonso F J, Castillo J M. D. Shape optimization for path synthesis of crank-rocker mechanisms using a wavelet-based neural network. Mechanism and Machine Theory, 2009, 44(6):1132-1143.

第二章 连杆机构输出的小波系数描述及特征参数提取

2.1 概　　述

　　利用数值图谱法求解连杆机构尺度综合的基本思路是：根据连杆机构输出曲线的特点，利用曲线特征参数提取方法对连杆机构输出曲线进行参数化处理，如利用 B 样条曲线[1]、傅里叶级数[2-12]、小波系数[13,14]、轨迹曲线曲率半径及相对转角[15]等方法提取连杆机构输出的特征参数；根据机构尺寸参数与输出曲线特征参数之间的关系，建立机构尺寸型数据库；利用参数化处理方法对尺寸型生成机构的输出曲线进行特征参数提取，并将特征参数储存在图谱库中；根据给定目标曲线的特征参数与图谱库中存储的特征参数之间的相似程度，输出多组综合结果。现有的数值图谱法可以很好地实现整周期给定设计要求的连杆机构尺度综合，但是对于非整周期尺度综合问题，现有的数值图谱法往往需要对给定的非整周期设计要求补充若干采样点，再根据拓展得到的整周期设计条件，利用建立的数值图谱库进行尺度综合。该方法只能使设计结果对拓展后的整周期设计要求进行整体逼近，无法保证对特定相对转动区间进行逼近[16]。

　　本章利用小波分析方法对连杆机构输出曲线进行研究，提出连杆机构输出曲线的小波系数和小波标准化参数的描述方法，并给出连杆机构输出曲线小波系数和小波标准化参数的几何意义。通过分析连杆机构基本变换对输出曲线的小波近似系数和小波细节系数的影响，提出连杆机构输出曲线小波细节系数的归一化处理方法，消除连杆机构旋转、平移、缩放对机构输出曲线小波标准化参数的影响。在此基础上，根据多分辨率分析理论，建立输出小波特征参数的级数选取机制，减小匹配识别及数据储存的负担，为利用数值图谱法求解连杆机构非整周期尺度综合问题提供理论基础。

2.2 Daubechies 小波变换理论简介

　　设 $f(t)$ 是一个单位时间内的非整周期函数，则 $f(t)$ 的 j 级 Daubechies 小波展开式可以表示为

$$f(t) = f_{a(j)}\phi_{(j)}(t) + \sum_{J=1}^{j}\sum_{l\in\mathbf{Z}} f_{d(J,l)}\psi_{(J,l)}(t) , \quad j\in\mathbf{N} \tag{2.2.1}$$

式中，$\phi_{(j)}$ 为尺度函数；$\psi_{(J,l)}$ 为小波函数；$f_{a(j)}$ 为 j 级小波近似系数；$f_{d(J,l)}$ 为 J 级小波细节系数。

小波近似系数和小波细节系数统称为小波系数。

Daubechies 小波的尺度函数和小波函数可以表示为

$$\phi(t) = \sum_{l=0}^{2N-1} p_l\phi(2t-l) \tag{2.2.2}$$

$$\psi(t) = \sum_{l=2-2N}^{1} (-1)^l p_{1-l}\phi(2t-l) \tag{2.2.3}$$

式中，N 为消失矩；p 为尺度系数。

在 Daubechies 小波系中，除 $N=1$(即一阶 Daubechies 小波，简称 Db1 小波)，其他小波均没有明确的解析表达式。因此，为方便描述连杆机构输出曲线特点及小波系数的处理方法，本书选用 Db1 小波对连杆机构非整周期输出曲线进行特征参数提取。根据式(2.2.2)和式(2.2.3)，Db1 小波的尺度函数和小波函数可以表示为

$$\phi(t) = \sum_{l=0}^{1} p_l\phi(2t-l) \tag{2.2.4}$$

$$\psi(t) = \sum_{l=0}^{1} (-1)^l p_{1-l}\phi(2t-l) \tag{2.2.5}$$

由文献[17]可知，当消失矩为 1 时，尺度系数 $p_0 = p_1 = 1$，将尺度系数代入式(2.2.4)和式(2.2.5)，可得

$$\phi(t) = \phi(2t) + \phi(2t-1) \tag{2.2.6}$$

$$\psi(t) = \phi(2t) - \phi(2t-1) \tag{2.2.7}$$

根据式(2.2.6)和式(2.2.7)，可得

$$\phi(2^j t) = \left[\phi(2^{j-1}t) + \psi(2^{j-1}t)\right]\big/2 \tag{2.2.8}$$

$$\phi(2^j t - 1) = \left[\phi(2^{j-1}t) - \psi(2^{j-1}t)\right]\big/2 \tag{2.2.9}$$

对给定非整周期函数 $f(t)$ 进行等间隔采样，采样点可以表示为

$$c_1, c_2, c_3, \cdots, c_{2^j-2}, c_{2^j-1}, c_{2^j}$$

根据离散小波变换理论，$f(t)$ 可以表示为 $\phi(t)$ 的函数，即

$$f(t) = \sum_{l=1}^{2^j} c_l\phi\left(2^j t - l + 1\right) \tag{2.2.10}$$

将 $f(t)$ 中的奇数项和偶数项分开，可得

$$f(t) = \sum_{l=1}^{2^{j-1}} c_{2l-1}\phi\left(2^j t - 2l + 2\right) + \sum_{l=1}^{2^{j-1}} c_{2l}\phi\left(2^j t - 2l + 1\right) \tag{2.2.11}$$

将式(2.2.8)和式(2.2.9)代入式(2.2.11)，可得

$$f(t) = \sum_{l=1}^{2^{j-1}} \frac{c_{2l-1}\left[\phi(2^{j-1}t-l+1) + \psi(2^{j-1}t-l+1)\right]}{2}$$
$$+ \sum_{l=1}^{2^{j-1}} \frac{c_{2l}\left[\phi(2^{j-1}t-l+1) - \psi(2^{j-1}t-l+1)\right]}{2} \tag{2.2.12}$$

整理式(2.2.12)可得 $f(t)$ 的一级小波分解表达式，即

$$f(t) = \sum_{l=1}^{2^{j-1}} a_{(1,l)}\phi_{(1,l)} + \sum_{l=1}^{2^{j-1}} d_{(1,l)}\psi_{(1,l)} \tag{2.2.13}$$

式中，$a_{(1,l)} = (c_{2l-1} + c_{2l})/2$；$d_{(1,l)} = (c_{2l-1} - c_{2l})/2$；$\phi_{(1,l)} = \phi(2^{j-1}t-l+1)$；$\psi_{(1,l)} = \psi(2^{j-1}t-l+1)$。

根据小波分解理论和递推关系，有

$$\sum_{l=1}^{2^{j-J+1}} \frac{c_{2^{J-1}l-2^{J-1}+1} + \cdots + c_{2^{J-1}l}}{2^{J-1}} \phi\left(2^{j-J+1}t - l + 1\right)$$
$$= \sum_{l=1}^{2^{j-J}} \frac{c_{2^J l - 2^J + 1} + \cdots + c_{2^J l}}{2^J} \phi\left(2^{j-J}t - l + 1\right)$$
$$+ \sum_{l=1}^{2^{j-J}} \frac{\left(c_{2^J l - 2^J + 1} + \cdots + c_{2^J l - 2^{J-1}}\right) - \left(c_{2^J l - 2^{J-1}+1} + \cdots + c_{2^J l}\right)}{2^J} \psi\left(2^{j-J}t - l + 1\right) \tag{2.2.14}$$

对式(2.2.13)继续分解，可得 $f(t)$ 的二级小波分解，即

$$f(t) = \sum_{l=1}^{2^{j-2}} a_{(2,l)}\phi_{(2,l)} + \sum_{l=1}^{2^{j-2}} d_{(2,l)}\psi_{(2,l)} + \sum_{l=1}^{2^{j-1}} d_{(1,l)}\psi_{(1,l)} \tag{2.2.15}$$

对式(2.2.15)继续分解，可得 $f(t)$ 的三级小波分解，即

$$f(t) = \sum_{l=1}^{2^{j-3}} a_{(3,l)}\phi_{(3,l)} + \sum_{l=1}^{2^{j-3}} d_{(3,l)}\psi_{(3,l)} + \sum_{l=1}^{2^{j-2}} d_{(2,l)}\psi_{(2,l)} + \sum_{l=1}^{2^{j-1}} d_{(1,l)}\psi_{(1,l)} \tag{2.2.16}$$

对式(2.2.16)继续分解，可得非整周期函数 $f(t)$ 的 Db1 小波 j 级分解表达式，即

$$f(t) = a_{(j,1)}\phi_{(j,1)} + \sum_{J=1}^{j} \sum_{l=1}^{2^{j-J}} \left[d_{(J,l)}\psi_{(J,l)}\right] \tag{2.2.17}$$

式中，$a_{(j,1)} = \dfrac{c_1 + c_2 + \cdots + c_{2^j-1} + c_{2^j}}{2^j}$；$d_{(J,l)} = \dfrac{\left(c_{2^J l - 2^J + 1} + \cdots + c_{2^J l - 2^{J-1}}\right) - \left(c_{2^J l - 2^{J-1}+1} + \cdots + c_{2^J l}\right)}{2^J}$；

$\phi_{(j,1)} = \phi(t)$；$\psi_{(J,l)} = \psi(2^{j-J}t - l + 1)$。

2.3 连杆机构输出特征的参数化描述方法

2.3.1 连杆机构输出曲线的小波系数

任意连杆机构输出曲线可以表示为输入角 θ_1 的函数。对连杆机构输出曲线进行离散化采样，可得 2^j 个采样点，即

$$C(\theta_1^1), C(\theta_1^2), \cdots, C(\theta_1^{2^{j-1}}), C(\theta_1^{2^j})$$

式中，$C(\theta_1^n)$ 为第 n 个输入角对应的采样点($n = 1, 2, \cdots, 2^j$)。

根据式(2.2.17)，对采样点进行 j 级小波变换，可得

$$C(\theta_1) = a_{(j,1)}\phi_{(j,1)} + \sum_{J=1}^{j}\sum_{l=1}^{2^{j-J}}(d_{(J,l)}\psi_{(J,l)}) \tag{2.3.1}$$

$$a_{(j,1)} = \frac{C(\theta_1^1) + C(\theta_1^2) + \cdots + C(\theta_1^{2^{j-1}}) + C(\theta_1^{2^j})}{2^j} \tag{2.3.2}$$

$$d_{(J,l)} = \frac{\left[C(\theta_1^{2^J l - 2^J + 1}) + \cdots + C(\theta_1^{2^J l - 2^{J-1}})\right] - \left[C(\theta_1^{2^J l - 2^{J-1} + 1}) + \cdots + C(\theta_1^{2^J l})\right]}{2^J} \tag{2.3.3}$$

$$\phi_{(j,1)} = \phi\left(\frac{\theta_1}{\theta_1^{2^j}}\right) = \begin{cases} 1, & 0 \leqslant \dfrac{\theta_1}{\theta_1^{2^j}} < 1 \\ 0, & \text{其他} \end{cases} \tag{2.3.4}$$

$$\psi_{(J,l)} = \psi\left(2^{j-J}\frac{\theta_1}{\theta_1^{2^j}} - l + 1\right) = \begin{cases} 1, & 0 \leqslant 2^{j-J}\dfrac{\theta_1}{\theta_1^{2^j}} - l + 1 < \dfrac{1}{2} \\ -1, & \dfrac{1}{2} \leqslant 2^{j-J}\dfrac{\theta_1}{\theta_1^{2^j}} - l + 1 < 1 \\ 0, & \text{其他} \end{cases} \tag{2.3.5}$$

式中，$a_{(j,1)}$ 为连杆机构输出曲线的 j 级小波近似系数；$d_{(J,l)}$ 为 J 级小波细节系数；$\phi_{(j,1)}$ 为尺度函数；$\psi_{(J,l)}$ 为小波函数。

为分析连杆机构输出曲线的小波系数与其平移后所得曲线的小波系数之间的关系，给定连杆机构输出曲线及平移变换 C_1(图 2.3.1)。平移后所得曲线的采样点可以表示为

$$C'(\theta_1^n) = C(\theta_1^n) + C_1 \tag{2.3.6}$$

式中，$n = 1, 2, \cdots, 2^j$。

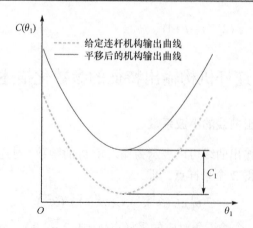

图 2.3.1　连杆机构输出曲线及平移变换

对采样点进行 j 级小波变换。根据式(2.3.2)和式(2.3.3)，平移后机构输出曲线的小波近似系数和小波细节系数可以分别表示为

$$a'_{(j,1)} = \frac{C'(\theta_1^1) + C'(\theta_1^2) + \cdots + C'(\theta_1^{2^j-1}) + C'(\theta_1^{2^j})}{2^j} \tag{2.3.7}$$

$$d'_{(J,l)} = \frac{\left[C'(\theta_1^{2^J l - 2^J + 1}) + \cdots + C'(\theta_1^{2^J l - 2^{J-1}}) \right] - \left[C'(\theta_1^{2^J l - 2^{J-1} + 1}) + \cdots + C'(\theta_1^{2^J l}) \right]}{2^J} \tag{2.3.8}$$

式中，$J = 1, 2, \cdots, j$；$l = 1, 2, \cdots, 2^{j-J}$。

将式(2.3.6)分别代入式(2.3.7)和式(2.3.8)，可得

$$a'_{(j,1)} = \frac{C(\theta_1^1) + C(\theta_1^2) + \cdots + C(\theta_1^{2^j-1}) + C(\theta_1^{2^j})}{2^j} + C_1 \tag{2.3.9}$$

$$d'_{(J,l)} = \frac{\left[C(\theta_1^{2^J l - 2^J + 1}) + \cdots + C(\theta_1^{2^J l - 2^{J-1}}) \right] - \left[C(\theta_1^{2^J l - 2^{J-1} + 1}) + \cdots + C(\theta_1^{2^J l}) \right]}{2^J}$$

$$\tag{2.3.10}$$

分别比较式(2.3.2)和式(2.3.9)，式(2.3.3)和式(2.3.10)可知，连杆机构输出曲线平移 C_1，其小波细节系数不变，小波近似系数同样增加 C_1。根据小波系数的这个特点，可以利用小波细节系数描述连杆机构输出曲线，消除曲线平移对特征参数的影响。上述发现为后续利用小波系数提取连杆机构输出函数曲线的特征奠定了基础。例如，给定的曲柄滑块机构如图 2.3.2(a)所示，其中曲柄长度为 $L_1 = 125$ mm，连杆长度为 $L_2 = 115$ mm，偏心距为 $e = 34$ mm，机构输入角为 $\theta_1 \in [0°，110°]$。对给定输出位移函数曲线进行离散化采样，采样点数为 64。将给定机构的机架沿 x 轴平移 33 mm(图 2.3.2(b))，给定曲柄滑块机构和平移后所得机构的输出位移的小波

系数如表 2.3.1 所示。对比两组小波系数可以发现，给定机构输出位移的小波细节系数与平移后机构输出位移的小波细节系数完全一致，小波近似系数差 33 个单位。给定曲柄滑块机构输出位移函数曲线和平移后的机构输出位移函数曲线如图 2.3.3 所示。

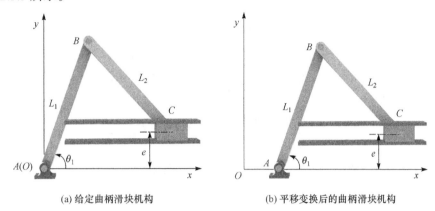

(a) 给定曲柄滑块机构　　　　　　　　(b) 平移变换后的曲柄滑块机构

图 2.3.2　给定曲柄滑块机构及平移后的机构

表 2.3.1　给定曲柄滑块机构和平移后所得机构的输出位移的小波系数

小波系数	给定机构	平移后的机构
$a_{(6,1)}$	153.5943	186.5943
$d_{(6,1)}$	62.0692	62.0692
$d_{(5,1)}$	18.4582	18.4582
$d_{(5,2)}$	33.5123	33.5123
$d_{(4,1)}$	2.6380	2.6380
$d_{(4,2)}$	15.1300	15.1300
$d_{(4,3)}$	19.5950	19.5950
$d_{(4,4)}$	12.8647	12.8647

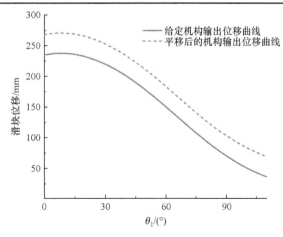

图 2.3.3　给定曲柄滑块机构输出位移函数曲线和平移后的机构输出位移函数曲线

2.3.2 连杆机构输出曲线的小波特征参数

为分析连杆机构输出曲线的小波系数与其缩放后所得曲线的小波系数之间的关系，将给定连杆机构输出曲线放大 k 倍(图 2.3.4)，放大后机构输出曲线的采样点可以表示为

$$C''(\theta_1^n) = kC(\theta_1^n) \tag{2.3.11}$$

对放大后的曲线进行离散化采样，可得 2^j 个采样点。对采样点进行小波变换，根据式(2.3.2)和式(2.3.3)，放大后机构输出曲线的小波近似系数和小波细节系数可以分别表示为

$$a''_{(j,1)} = \frac{C''(\theta_1^1) + C''(\theta_1^2) + \cdots + C''(\theta_1^{2^j-1}) + C''(\theta_1^{2^j})}{2^j} \tag{2.3.12}$$

$$d''_{(J,l)} = \frac{\left[C''(\theta_1^{2^J l-2^J+1}) + \cdots + C''(\theta_1^{2^J l-2^{J-1}})\right] - \left[C''(\theta_1^{2^J l-2^{J-1}+1}) + \cdots + C''(\theta_1^{2^J l})\right]}{2^J}$$

$$\tag{2.3.13}$$

式中，$J = 1, 2, \cdots, j$；$l = 1, 2, \cdots, 2^{j-J}$。

将式(2.3.11)分别代入式(2.3.12)和式(2.3.13)可得

$$a''_{(j,1)} = k\frac{C(\theta_1^1) + C(\theta_1^2) + \cdots + C(\theta_1^{2^j-1}) + C(\theta_1^{2^j})}{2^j} \tag{2.3.14}$$

$$d''_{(J,l)} = k\frac{\left[C(\theta_1^{2^J l-2^J+1}) + \cdots + C(\theta_1^{2^J l-2^{J-1}})\right] - \left[C(\theta_1^{2^J l-2^{J-1}+1}) + \cdots + C(\theta_1^{2^J l})\right]}{2^J}$$

$$\tag{2.3.15}$$

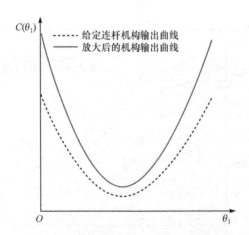

图 2.3.4　连杆机构输出曲线及缩放变换

比较式(2.3.2)和式(2.3.14)，式(2.3.3)和式(2.3.15)可知，连杆机构输出曲线放

大 k 倍，其小波系数也放大 k 倍。为消除输出曲线缩放对小波细节系数的影响，对放大后的机构输出曲线进行归一化处理，将所有小波细节系数除以 j 级小波细节系数($d''_{(j,1)} \neq 0$)，即

$$b''_{(J,l)} = 2^{j-J} \frac{\left[C''(\theta_1^{2^J l - 2^J + 1}) + \cdots + C''(\theta_1^{2^J l - 2^{J-1}}) \right] - \left[C''(\theta_1^{2^{J-1} l - 2^{J-1} + 1}) + \cdots + C''(\theta_1^{2^J l}) \right]}{\left[C''(\theta_1^1) + \cdots + C''(\theta_1^{2^{j-1}}) \right] - \left[C''(\theta_1^{2^{j-1}+1}) + \cdots + C''(\theta_1^{2^j}) \right]}$$

(2.3.16)

将式(2.3.11)代入式(2.3.16)，可得

$$b''_{(J,l)} = 2^{j-J} \frac{\left[C(\theta_1^{2^J l - 2^J + 1}) + \cdots + C(\theta_1^{2^J l - 2^{J-1}}) \right] - \left[C(\theta_1^{2^{J-1} l - 2^{J-1} + 1}) + \cdots + C(\theta_1^{2^J l}) \right]}{\left[C(\theta_1^1) + \cdots + C(\theta_1^{2^{j-1}}) \right] - \left[C(\theta_1^{2^{j-1}+1}) + \cdots + C(\theta_1^{2^j}) \right]}$$

(2.3.17)

利用相同的方法，对原给定机构输出曲线进行处理，可得($d_{(j,1)} \neq 0$)

$$b_{(J,l)} = 2^{j-J} \frac{\left[C(\theta_1^{2^J l - 2^J + 1}) + \cdots + C(\theta_1^{2^J l - 2^{J-1}}) \right] - \left[C(\theta_1^{2^{J-1} l - 2^{J-1} + 1}) + \cdots + C(\theta_1^{2^J l}) \right]}{\left[C(\theta_1^1) + \cdots + C(\theta_1^{2^{j-1}}) \right] - \left[C(\theta_1^{2^{j-1}+1}) + \cdots + C(\theta_1^{2^j}) \right]}$$

(2.3.18)

　　对比式(2.3.17)和式(2.3.18)可知，利用归一化处理方法可以消除机构输出曲线缩放对小波细节系数的影响。此外，对于平面四杆机构连杆轨迹曲线，若将机构连杆轨迹的数学模型建立在复平面上，根据欧拉公式，轨迹曲线的旋转可以表示为轨迹曲线的参数表达式与一个复数乘积的形式。因此，利用归一化处理后的小波细节系数描述连杆机构轨迹曲线可以消除曲线旋转对机构连杆轨迹曲线特征参数的影响。本书定义归一化处理后的小波细节系数为小波标准化参数。上述发现可以为后续利用小波标准化参数提取连杆轨迹曲线的特征奠定理论基础。

　　例如，给定的平面四杆机构如图 2.3.5(a)所示。其中，各构件杆长分别为 $L_1 = 40\text{ mm}$、$L_2 = 56\text{ mm}$、$L_3 = 60\text{ mm}$、$L_4 = 75\text{ mm}$，机构输入角为 $\theta_1 \in [0°, 160°]$。给定 3 组机构的连杆轨迹曲线如图 2.3.6 所示。令连杆轨迹曲线所在平面为复平面，对给定轨迹曲线进行离散化采样，并对采样点进行小波变换，提取小波细节系数及小波标准化参数。所得小波细节系数及小波标准化参数分别列于表 2.3.2 和表 2.3.3 的第 2 列。将给定机构的机架绕坐标原点进行旋转(图 2.3.5(b))，$\theta_0 = 20°$，对旋转后的机构连杆轨迹曲线进行小波变换，提取小波细节系数和小波标准化参数(表 2.3.2 和表 2.3.3 的第 3 列)。再将旋转变换后所得机构分别沿 x 轴和 y 轴平移 $x_A = 21\text{ mm}$ 和 $y_A = 14\text{ mm}$，并将机构各构件长度缩小为原来的 4/5(图 2.3.5(c))。对上述变换后的机构连杆轨迹曲线进行小波变换，所得小波细节系数和小波标

准化参数分别列于表 2.3.2 和表 2.3.3 第 4 列。对比 3 组小波细节系数和小波标准化参数可以发现，对给定平面四杆机构进行旋转、平移、缩放后，连杆轨迹曲线(图 2.3.6)的小波细节系数随之变化，但上述变化对连杆轨迹曲线的小波标准化参数没有影响。

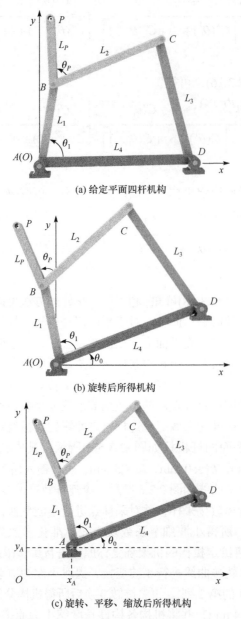

(a) 给定平面四杆机构

(b) 旋转后所得机构

(c) 旋转、平移、缩放后所得机构

图 2.3.5 给定平面四杆机构及其基本变换

表 2.3.2　给定曲柄摇杆机构及基本变换后所得机构的连杆轨迹曲线小波细节系数

小波细节 系数	给定机构连杆 轨迹曲线	旋转后的连杆 轨迹曲线	旋转、平移、缩放后的连杆 轨迹曲线
$d_{(6,1)}$	15.8535–5.9798i	16.9426–0.1970i	13.5541–0.1576i
$d_{(5,1)}$	1.7868–13.9267i	6.4423–12.4757i	5.1538–9.9805i
$d_{(5,2)}$	9.9071+7.1401i	6.8676+10.0979i	5.4941+8.0783i
$d_{(4,1)}$	–2.0045–10.2256i	1.6138–10.2945i	1.2910–8.2356i
$d_{(4,2)}$	3.6968–3.9515i	4.8254–2.4488i	3.8603–1.9591i
$d_{(4,3)}$	5.7286+1.3278i	4.9290+3.2071i	3.9432+2.5657i
$d_{(4,4)}$	3.7893+5.5666i	1.6569+6.5269i	1.3255+5.2215i

表 2.3.3　给定曲柄摇杆机构及基本变换后所得机构的连杆轨迹曲线小波标准化参数

小波标准化 参数	给定机构连杆 轨迹曲线	旋转后的连杆 轨迹曲线	旋转、平移、缩放后的连杆 轨迹曲线
$b_{(6,1)}$	1	1	1
$b_{(5,1)}$	0.3887–0.7318i	0.3887–0.7318i	0.3887–0.7318i
$b_{(5,2)}$	0.3984+0.6006i	0.3984+0.6006i	0.3984+0.6006i
$b_{(4,1)}$	0.1023–0.6064i	0.1023–0.6064i	0.1023–0.6064i
$b_{(4,2)}$	0.2864–0.1412i	0.2864–0.1412i	0.2864–0.1412i
$b_{(4,3)}$	0.2887+0.1926i	0.2887+0.1926i	0.2887+0.1926i
$b_{(4,4)}$	0.0933+0.3863i	0.0933+0.3863i	0.0933+0.3863i

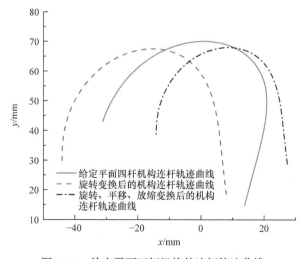

图 2.3.6　给定平面四杆机构的连杆轨迹曲线

2.4　小波级数描述连杆机构非整周期输出的几何意义

2.4.1　一维小波系数描述连杆机构输出曲线的几何意义

连杆机构输出函数是以输入角 θ_1 为变量的一维函数，将连杆机构输出函数记为 θ_4，则

$$\theta_4 = f(\theta_1) \tag{2.4.1}$$

对输出函数曲线进行离散化采样，可得 2^j 个采样点，即

$$\theta_4\left(\theta_1^1\right), \theta_4\left(\theta_1^2\right), \theta_4\left(\theta_1^3\right), \cdots, \theta_4\left(\theta_1^{2^j-2}\right), \theta_4\left(\theta_1^{2^j-1}\right), \theta_4\left(\theta_1^{2^j}\right), \quad j \in \mathbf{N}$$

式中，$\theta_4\left(\theta_1^n\right)$ 表示第 n 个采样点的输出函数，θ_1^n 表示第 n 个采样点对应的输入角 $(n = 1, 2, \cdots, 2^j)$。

根据 2.3 节的研究，连杆机构输出函数 θ_4 的小波展开式为

$$\theta_4 = a_{(j,1)}\phi_{(j,1)} + \sum_{J=1}^{j}\sum_{l=1}^{2^{j-J}}\left[d_{(J,l)}\psi_{(J,l)}\right] \tag{2.4.2}$$

式中

$$a_{(j,1)} = \frac{\theta_4\left(\theta_1^1\right) + \theta_4\left(\theta_1^2\right) + \cdots + \theta_4\left(\theta_1^{2^j-1}\right) + \theta_4\left(\theta_1^{2^j}\right)}{2^j}$$

$$d_{(J,l)} = \frac{\left[\theta_4\left(\theta_1^{2^J l - 2^J + 1}\right) + \cdots + \theta_4\left(\theta_1^{2^J l - 2^{J-1}}\right)\right] - \left[\theta_4\left(\theta_1^{2^J l - 2^{J-1} + 1}\right) + \cdots + \theta_4\left(\theta_1^{2^J l}\right)\right]}{2^J}$$

$$\phi_{(j,1)} = \phi\left(\frac{\theta_1}{\theta_1^{2^j}}\right) = \begin{cases} 1, & 0 \leqslant \dfrac{\theta_1}{\theta_1^{2^j}} < 1 \\ 0, & \text{其他} \end{cases}$$

$$\psi_{(J,l)} = \psi\left(\frac{2^{j-J}\theta_1}{\theta_1^{2^j} - l + 1}\right) = \begin{cases} 1, & 0 \leqslant 2^{j-J}\dfrac{\theta_1}{\theta_1^{2^j}} - l + 1 < \dfrac{1}{2} \\ -1, & \dfrac{1}{2} \leqslant 2^{j-J}\dfrac{\theta_1}{\theta_1^{2^j}} - l + 1 < 1 \\ 0, & \text{其他} \end{cases}$$

式(2.4.2)的几何意义是连杆机构一维输出函数可以表示为一系列不同尺度下小波系数的合成。小波变换通过伸缩和平移小波函数对目标函数曲线进行逐步多尺度细化。小波近似系数可以描述输出曲线在当前尺度下的大体趋势，小波细节

系数可以描述曲线在当前尺度下的变化情况。随着尺度由小到大变化，在各尺度上可以由细到粗提取输出曲线的不同特征。在大尺度空间中，小波系数可以描述曲线的轮廓和走势，在小尺度空间中，小波系数可以描述曲线的细节特点。图 2.4.1 为四杆机构输出函数曲线的一维小波分解示意图（$j = 3$），其中 a 表示输出函数曲线的小波近似系数，d 表示输出函数曲线的小波细节系数。

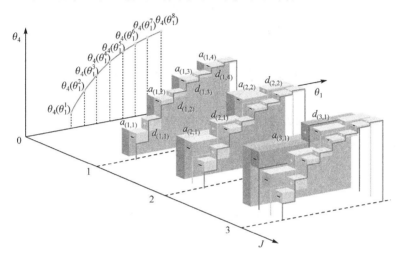

图 2.4.1　四杆机构输出函数曲线一维小波分解示意图

2.4.2　二维小波系数描述连杆机构输出曲线的几何意义

平面连杆机构轨迹曲线是以输入角 θ_1 为变量的二维平面曲线。在复平面上，任意平面连杆机构非整周期轨迹曲线可以表示为

$$z(\theta_1) = x(\theta_1) + iy(\theta_1) \tag{2.4.3}$$

式中，$i = \sqrt{-1}$。

对给定非整周期连杆轨迹曲线进行离散化采样，采样点数为 $2^j + 1$ 个，可得采样点为

$$z(\theta_1^1), z(\theta_1^2), z(\theta_1^3), \cdots, z(\theta_1^{2^j-2}), z(\theta_1^{2^j-1}), z(\theta_1^{2^j}), z(\theta_1^{2^j+1})$$

根据平面连杆机构轨迹曲线的特点，可以用一组首尾相接的特征矢量代替采样点描述连杆轨迹曲线特征(图 2.4.2)。

特征矢量可以表示为

$$\boldsymbol{Z}\left(\theta_1^n\right) = z\left(\theta_1^{n+1}\right) - z\left(\theta_1^n\right) \tag{2.4.4}$$

式中，$n = 1, 2, \cdots, 2^j$。

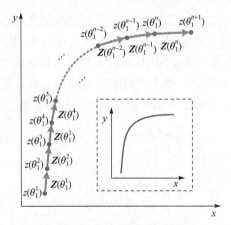

图 2.4.2　平面连杆机构轨迹曲线特征矢量

连杆轨迹曲线特征矢量的小波展开式可以表示为

$$Z(\theta_1) = a_{(j,1)}\phi_{(j,1)} + \sum_{J=1}^{j}\sum_{l=1}^{2^{j-J}}\left[d_{(J,l)}\psi_{(J,l)}\right] \tag{2.4.5}$$

$$a_{(j,1)} = \frac{Z(\theta_1^1) + Z(\theta_1^2) + \cdots + Z(\theta_1^{2^{j}-1}) + Z(\theta_1^{2^{j}})}{2^j} \tag{2.4.6}$$

$$d_{(J,l)} = \frac{\left[Z(\theta_1^{2^{J}l-2^{J}+1}) + \cdots + Z(\theta_1^{2^{J}l-2^{J-1}})\right] - \left[Z(\theta_1^{2^{J}l-2^{J-1}+1}) + \cdots + Z(\theta_1^{2^{J}l})\right]}{2^J}$$

$$\tag{2.4.7}$$

$$\phi_{(j,1)} = \phi\left(\frac{\theta_1}{\theta_1^{2^j}}\right) = \begin{cases} 1, & 0 \leqslant \dfrac{\theta_1}{\theta_1^{2^j}} < 1 \\ 0, & \text{其他} \end{cases} \tag{2.4.8}$$

$$\psi_{(J,l)} = \psi\left(\frac{2^{j-J}\theta_1}{\theta_1^{2^j} - l + 1}\right) = \begin{cases} 1, & 0 \leqslant 2^{j-J}\dfrac{\theta_1}{\theta_1^{2^j}} - l + 1 < \dfrac{1}{2} \\ -1, & \dfrac{1}{2} \leqslant 2^{j-J}\dfrac{\theta_1}{\theta_1^{2^j}} - l + 1 < 1 \\ 0, & \text{其他} \end{cases} \tag{2.4.9}$$

式中，$a_{(j,1)}$ 为连杆机构轨迹曲线的 j 级小波近似系数；$d_{(J,l)}$ 为 J 级小波细节系数；$\phi_{(j,1)}$ 为尺度函数；$\psi_{(J,l)}$ 为小波函数。

式(2.4.5)的几何意义是连杆机构二维轨迹曲线可以表示为一系列不同尺度下的小波近似系数和小波细节系数的合成。由式(2.4.6)可知，小波近似系数 $a_{(j,1)}$ 对应的矢量长度为所有连杆轨迹曲线特征矢量长度的平均值，方向为从第一个采样点指向最后一个采样点。根据小波分解理论，第 $J-1$ 级第 $2l-1$ 个小波近似系数

和第 $J-1$ 级第 $2l$ 个小波近似系数可以表示为

$$a_{(J-1,2l-1)} = \frac{Z\left[\theta_1^{2^{J-1}(2l-1)-2^{J-1}+1}\right] + \cdots + Z\left[\theta_1^{2^{J-1}(2l-1)}\right]}{2^{J-1}} \tag{2.4.10}$$

$$a_{(J-1,2l)} = \frac{Z\left(\theta_1^{2^{J-1}2l-2^{J-1}+1}\right) + \cdots + Z\left(\theta_1^{2^{J-1}2l}\right)}{2^{J-1}} \tag{2.4.11}$$

式中，$J = 2, 3, \cdots, j$；$l = 1, 2, \cdots, 2^{j-J}$。

将式(2.4.10)和式(2.4.11)代入式(2.4.7)，可得

$$d_{(J,l)} = \frac{a_{(J-1,2l-1)} - a_{(J-1,2l)}}{2} \tag{2.4.12}$$

当 $J = 1$ 时，根据式(2.4.7)，1 级小波细节系数可以表示为

$$d_{(1,l)} = \frac{Z\left(\theta_1^{2l-1}\right) - Z\left(\theta_1^{2l}\right)}{2} \tag{2.4.13}$$

根据式(2.4.12)和式(2.4.13)，连杆机构轨迹曲线的第 1 级第 l 个小波细节系数对应的矢量可以表示为相邻特征矢量($Z\left(\theta_1^{2l-1}\right)$ 和 $Z\left(\theta_1^{2l}\right)$)差的一半，第 J 级第 l 个小波细节系数对应的矢量可以表示为低一级尺度($J-1$)下的二个相邻小波近似系数($a_{(J-1,2l-1)}$ 和 $a_{(J-1,2l)}$)对应的矢量差的一半。图 2.4.3 为连杆机构轨迹曲线的小波分解示意图，其中 $z\left(\theta_1^n\right)$ 为采样点($n = 1, 2, \cdots, 9$)，特征矢量个数为 8($j = 3$)，轨迹曲线特征矢量的小波展开式为

$$\begin{aligned} Z = {} & a_{(3,1)}\phi_{(3,1)} + d_{(3,1)}\psi_{(3,1)} + d_{(2,1)}\psi_{(2,1)} + d_{(2,2)}\psi_{(2,2)} \\ & + d_{(1,1)}\psi_{(1,1)} + d_{(1,2)}\psi_{(1,2)} + d_{(1,3)}\psi_{(1,3)} + d_{(1,4)}\psi_{(1,4)} \end{aligned} \tag{2.4.14}$$

式中，$a_{(3,1)}$ 为给定轨迹曲线的小波近似系数，长度为 $\left|Z\left(\theta_1^1\right) + \cdots + Z\left(\theta_1^8\right)\right|/8$，方向为从第 1 个采样点指向第 9 个采样点；$d_{(3,1)}$ 为 3 级小波细节系数，$d_{(3,1)} = [a_{(2,1)} - a_{(2,2)}]/2$；$d_{(2,1)}$ 和 $d_{(2,2)}$ 为 2 级小波细节系数，$d_{(2,1)} = [a_{(1,1)} - a_{(1,2)}]/2$，$d_{(2,2)} = [a_{(1,3)} - a_{(1,4)}]/2$；$d_{(1,1)}$、$d_{(1,2)}$、$d_{(1,3)}$、$d_{(1,4)}$ 为 1 级小波细节系数，$d_{(1,1)} = \left[Z\left(\theta_1^1\right) - Z\left(\theta_1^2\right)\right]/2$、$d_{(1,2)} = \left[Z\left(\theta_1^3\right) - Z\left(\theta_1^4\right)\right]/2$、$d_{(1,3)} = \left[Z\left(\theta_1^5\right) - Z\left(\theta_1^6\right)\right]/2$、$d_{(1,4)} = \left[Z\left(\theta_1^7\right) - Z\left(\theta_1^8\right)\right]/2$。

根据式(2.3.18)，对复平面上平面连杆机构轨迹曲线的小波细节系数进行归一化处理，可得连杆机构轨迹曲线的小波标准化参数($d_{(j,1)} \neq 0$)，即

$$b_{(J,l)} = \frac{d_{(J,l)}}{d_{(j,1)}} = 2^{j-J} \frac{\left[Z(\theta_1^{2^J l - 2^J + 1}) + \cdots + Z(\theta_1^{2^J l - 2^{J-1}})\right] - \left[Z(\theta_1^{2^J l - 2^{J-1}+1}) + \cdots + Z(\theta_1^{2^J l})\right]}{\left[Z(\theta_1^1) + \cdots + Z(\theta_1^{2^{j-1}})\right] - \left[Z(\theta_1^{2^{j-1}+1}) + \cdots + Z(\theta_1^{2^j})\right]} \tag{2.4.15}$$

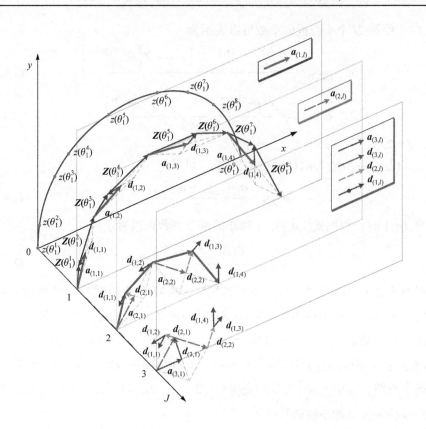

图 2.4.3　　连杆机构轨迹曲线的小波分解示意图

如图 2.4.4 所示,若 j 级小波细节系数 $d_{(j,1)}$ 对应的矢量的长度为 L,与复平面

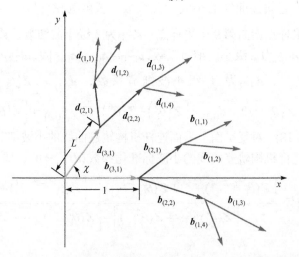

图 2.4.4　　连杆机构轨迹曲线的小波细节系数和小波标准化参数

的实数轴夹角为 χ。根据欧拉公式，小波标准化参数对应的矢量可以表示为所有小波细节系数对应的矢量经过缩放和旋转变换后得到的一系列矢量。其中，缩放系数为 $1/L$，旋转角为 $-\chi$。

2.5　连杆机构非整周期输出特征参数提取

在多位置设计要求尺度综合问题中，为保证设计精度，一般需要多个精确点描述连杆机构输出曲线。若输出曲线是以参数方程的形式给出，则可以根据设计条件对输出曲线进行离散化采样，再利用 Db1 小波提取小波标准化参数。若给定设计条件是多个精确点，由于 Db1 小波为二进制小波，需要将给定精确点进行延拓，使精确点的个数为特定数值。进而，利用 Db1 小波对延拓后的精确点或特征矢量进行小波分解，提取小波系数或小波标准化参数。根据小波分解理论，对采样点或给定精确点进行离散小波变换，所得小波系数的个数不少于采样点或给定精确点的个数。利用数值图谱法求解连杆机构尺度综合问题时，图谱库中存储的特征参数越多，匹配识别及数据储存的负担越重。由于连杆机构输出曲线近似平滑，根据多分辨率分析理论，可以用部分小波系数描述输出曲线，在不影响设计结果精度的同时，大大减小数据存储和计算负担，提高综合效率。

根据文献[18]，对于连杆机构整周期输出曲线，可以用 64 个采样点描述连杆机构输出曲线。因此，本书同样选用 64 个采样点描述连杆机构非整周期输出曲线。图 2.5.1(a)为空间 RSSR 机构输出函数曲线。对给定输出函数曲线进行离散化采样，为了更加直观地显示给定输出函数曲线与各级小波分量重构曲线之间的关系，利用 Daubechies 小波系中性质与 Db1 小波相似，但尺度函数和小波函数都是连续的二阶 Daubechies 小波对给定输出函数曲线进行小波分解。图 2.5.1(b)为小波近似分量。图 2.5.1(c)~(h)为各级小波细节分量。利用上述小波分量对原曲线进行重构，连杆机构输出曲线及小波分量重构曲线如图 2.5.2 所示。其中，图 2.5.2(a)为小波近似分量和 6 级小波细节分量的重构曲线；图 2.5.2(b)为加入 5 级小波细节分量的重构曲线；图 2.5.2(c)为加入 4 级小波细节分量的重构曲线；图 2.5.2(d)为加入 3 级小波细节分量的重构曲线；图 2.5.2(e)为加入 2 级小波细节分量的重构曲线；图 2.5.2(f)为所有小波近似分量和小波细节分量的重构曲线。表 2.5.1 列出了原始曲线和各级分量的重构曲线之间的误差。由于前 3 级小波细节分量(即第 1 级到第 3 级)非常小，因此可以利用小波近似系数和第 4~6 级小波细节系数描述原曲线特征，在不影响设计结果精度的同时，大大减小数据存储和计算的负担(前 3 级小波细节系数包含近 90%的小波系数)。本书定义描述连杆机构输出特征的小波系数或小波标准化参数为连杆机构输出小波特征参数。

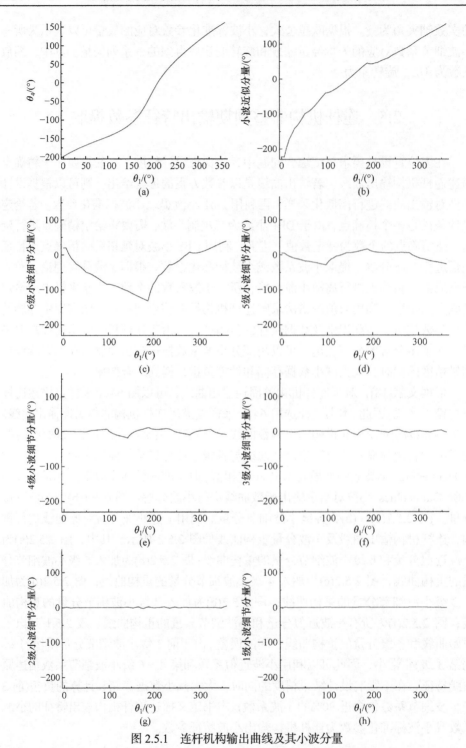

图 2.5.1　连杆机构输出曲线及其小波分量

表 2.5.1　给定曲线与重构曲线误差

重构曲线	平均误差/(°)	最大误差/(°)
6 级分量重构曲线	13.4810	35.8367
5~6 级分量重构曲线	5.3494	19.7218
4~6 级分量重构曲线	1.8370	8.9968
3~6 级分量重构曲线	0.6531	3.8133
2~6 级分量重构曲线	0.2047	2.1109
1~6 级分量重构曲线	0	0

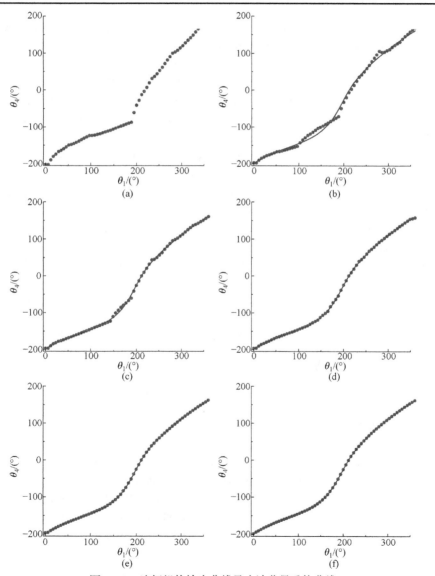

图 2.5.2　连杆机构输出曲线及小波分量重构曲线

参 考 文 献

[1] 黄灿明, 郭海鹏, 陈永康, 等. 基于 B 样条插值曲线的平面四杆机构轨迹复演优化设计. 机械工程学报, 1998, 34(3)：72-79.

[2] Sun J W, Chen L, Chu J K. Motion generation of spherical four-bar mechanism using harmonic characteristic parameters. Mechanism and Machine Theory, 2016, 95(6):76-92.

[3] Sun J W, Chu J K, Sun B Y. A unified model of harmonic characteristic parameter method for dimensional synthesis of linkage mechanism. Applied Mathematical Modelling, 2012, 36: 6001-6010.

[4] Sun J W, Chu J K. Fourier series representation of the coupler curves of spatial linkages. Applied Mathematical Modelling, 2010, 34(5): 1396-1403.

[5] Sun J W, Mu D Q, Chu J K. Fourier series method for path generation of RCCC mechanism. IMechE Part C: J. Mechanical Engineering Science, 2012, 226(2):618-627.

[6] Sun J W, Lu H, Chu J K. Variable step-size numerical atlas method for path generation of spherical four-bar crank-slider mechanism. Inverse Problems in Science and Engineering, 2015, 23(2):256-276.

[7] Sun J W, Liu Q, Chu J K. Motion generation of RCCC mechanism using numerical atlas. Mechanics Based Design of Structures and Machines, 2017, 45(1):62-75.

[8] Sun J W, Chu J K. Fourier method to function synthesis of RCCC mechanism. IMechE Part C: J. Mechanical Engineering Science, 2008, 223(2):503-513.

[9] Chu J K, Sun J W. Numerical atlas method for path generation of spherical four-bar mechanism. Mechanism and Machine Theory, 2010, 45(6):867-879.

[10] 孙建伟, 褚金奎. 用快速傅里叶变换进行球面四杆机构轨迹综合. 机械工程学报, 2008, 44(7):32-37.

[11] 褚金奎, 孙建伟. 基于傅里叶级数理论的连杆机构轨迹综合方法. 机械工程学报, 2010, 46(13):31-41.

[12] 褚金奎, 孙建伟. 连杆机构尺度综合的谐波特征参数法. 北京: 科学出版社, 2010.

[13] 吴鑫, 褚金奎, 曹惟庆. 平面四杆机构函数输出的小波变换分析. 机械科学与技术, 1998, 17(2):180-182.

[14] 王成志, 纪跃波, 孙道恒. 小波分析在平面四杆机构轨迹综合中的应用研究. 机械工程学报, 2004, 40(8)：34-39.

[15] 蓝兆辉, 邹慧君. 基于轨迹局部特性的机构并行优化综合. 机械工程学报, 1999, 35(5): 16-19.

[16] Liu W R, Sun J W, Zhang B C, Chu J K. Wavelet feature parameters representations of open planar curves. Applied Mathematical Modelling, 2018, 57:614-624.

[17] Boggess A, Narcowich F J. 小波与傅里叶分析基础. 北京: 电子工业出版社, 2004.

[18] Chu J K, Sun J W. A new approach to dimension synthesis of spatial four-bar linkage through numerical atlas method. Journal of Mechanisms and Robotics, 2010, 80(2):143-145.

第三章　平面四杆机构非整周期设计要求尺度综合

3.1　概　　述

连杆机构制造成本低廉，可以传递较大的动力，因此在重型机械、纺织机械、农业机械、印刷机械等诸多领域有广泛的应用。对连杆机构设计方法的研究一直是机构学研究的热点之一。连杆机构尺度综合是对连杆机构尺寸参数的反求设计，即根据给定设计条件对连杆机构尺寸参数进行设计，从而使设计结果的输出可以满足给定的设计要求。连杆机构综合包括数综合、型综合和尺度综合。传统意义上的机构综合即尺度综合，根据从动件的运动规律，机构综合可分为函数生成机构综合、轨迹生成机构综合和刚体导引机构综合。国内外众多学者提出多种能够实现预期运动要求的连杆机构尺寸设计方法。衡量尺度综合方法的主要指标包括综合过程所用时间和综合结果的精度。数值图谱法作为传统图谱法的分支，具有操作简单、检索速度快、匹配精度高的特点，因此被广泛应用于连杆机构整周期设计要求尺度综合中。然而，现有数值图谱法在求解连杆机构非整周期尺度综合问题时，往往需要面对设计结果精度低、综合过程耗时长的问题。小波变换具有多分辨率分析的特点，可以反映机构输出曲线的局部特征，在求解非整周期给定设计要求尺度综合问题上具有其独特的优势[1-9]。

本章借助小波分解理论，对连杆机构中结构最简单的平面四杆机构尺度综合问题进行研究，建立平面四杆机构输出(包括函数输出、轨迹输出和刚体输出)的数学模型。通过分析机构输出与对应小波系数之间的内在联系，提出平面四杆机构的输出小波特征参数描述方法。因此，建立平面四杆机构输出函数曲线、连杆轨迹曲线和刚体转角曲线的动态自适应图谱库，进而实现平面四杆机构尺度综合，为平面四杆机构多位置、非整周期尺度综合提供一种有效的方法。

3.2　平面四杆机构非整周期设计要求函数综合

3.2.1　平面四杆机构输出函数的数学模型

图 3.2.1 为平面四杆机构示意图，其中 Oxy 为固定坐标系；AB 为输入构件，长度为 L_1；BC 为连杆，长度为 L_2；CD 为输出构件，长度为 L_3；AD 为机架；长

度为 L_4；θ'_1 为机构的起始角度；θ_1 为输入角；θ_2 为连杆转角。根据文献[10]，输出角 θ_4 可以表示为

$$\theta_4 = \arcsin\left[\left(L_1 \sin\theta_A + L_2 \sin\theta_2\right)/L_3\right] \tag{3.2.1}$$

式中，θ_A 为输入构件转角（$\theta_A = \theta'_1 + \theta_1$）。

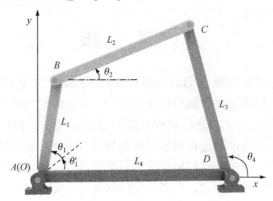

图 3.2.1　平面四杆机构示意图

定义输入构件相对起始角的转动区间（θ_1 的取值范围）为相对转动区间。根据几何关系可知，连杆转角 θ_2 可由 θ_A、L_1、L_2、L_3、L_4 表示。平面四杆机构连杆转角模型如图 3.2.2 所示，其中 $BE//AD$；$BF \perp AD$；$CG \perp BD$；$CE \perp BE$；AF 长度为 L_{AF}；BF 长度为 L_{BF}；BE 长度为 L_{BE}；CE 长度为 L_{CE}；BG 长度为 L_{BG}；CG 长度为 L_{CG}；BD 长度为 L_{BD}；BD 与 BC 的夹角为 θ_B；BD 与 DA 的夹角为 θ_D。根据几何关系，θ_2 可由 L_{AF}、L_{BF}、L_{BD}、θ_D、θ_B、L_{BE}、L_{CE} 表示，具体理论公式如下[11]。

① AF 的长度 L_{AF} 和 BF 的长度 L_{BF} 为

$$L_{AF} = L_1 \cos\theta_A \tag{3.2.2}$$

$$L_{BF} = L_1 \sin\theta_A \tag{3.2.3}$$

② BD 的长度 L_{BD} 为

$$L_{BD} = \sqrt{\left(L_4 - L_{AF}\right)^2 + L_{BF}{}^2} \tag{3.2.4}$$

③ BD 与 DA 的夹角 θ_D 为

$$\theta_D = \arctan\left[L_{BF}/\left(L_4 - L_{AF}\right)\right] \tag{3.2.5}$$

④ BD 与 BC 的夹角 θ_B 为

$$\theta_B = \arccos\left[\left(L_{BD}{}^2 + L_2{}^2 - L_3{}^2\right)/\left(2 L_{BD} L_2\right)\right] \tag{3.2.6}$$

⑤ BE 的长度 L_{BE} 和 CE 的长度 L_{CE} 为

$$L_{BE} = L_2 \cos\theta_B \cos\theta_D + L_2 \sin\theta_B \sin\theta_D \tag{3.2.7}$$

$$L_{CE}=L_2\sin\theta_B\cos\theta_D-L_2\cos\theta_B\sin\theta_D \tag{3.2.8}$$

根据几何关系，θ_2可以表示为

$$\theta_2=\arctan\frac{L_{CE}}{L_{BE}} \tag{3.2.9}$$

将式(3.2.2)～式(3.2.8)代入式(3.2.9)，可得

$$\theta_2=\arctan\left[\frac{(a+b\cos\theta_A)\sin\theta_A+c(L_4-L_1\cos\theta_A)}{d+e\cos\theta_A+b\cos^2\theta_A+cL_1\sin\theta_A}\right] \tag{3.2.10}$$

式中，$a=-L_1(L_1^2+L_2^2-L_3^2+L_4^2)$；$b=2L_1^2L_4$；$c=\{4L_2^2(L_1^2+L_4^2)-(L_1^2+L_2^2-L_3^2+L_4^2)^2-[8L_1L_2^2L_4-4L_1L_4(L_1^2+L_2^2-L_3^2+L_4^2)]\times\cos\theta_A-4L_1^2L_4^2\cos^2\theta_A\}^{1/2}$；$d=L_4(L_1^2+L_2^2-L_3^2+L_4^2)$；$e=-L_1(L_1^2+L_2^2-L_3^2+L_4^2)-2L_1L_4^2$。

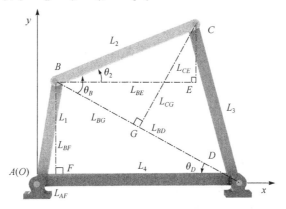

图 3.2.2　平面四杆机构连杆转角模型

3.2.2　平面四杆机构输出函数的小波分析

根据式(3.2.1)～式(3.2.10)，机构输出函数与平面四杆机构基本尺寸型(L_1、L_2、L_3、L_4)、机构起始角度(θ'_1)，以及输入角(θ_1)有关。此外，也与参考轴有关。现有函数综合方法大多将过机架的 A 点和 D 点的轴线作为参考轴。定义 CD 与 DA 之间的夹角(或对应补角)为平面四杆机构输出角，利用函数综合方法对机构的基本尺寸型、机构起始角度，以及输入角进行设计。然而，对于多位置设计要求的连杆机构函数综合问题，这种输出角定义方式极大地限制了综合方法的能力。例如，给定目标函数曲线和综合结果输出函数曲线，如图 3.2.3(a)所示。其中，实线为给定目标曲线，虚线为综合结果输出函数曲线。由此可知，综合结果输出函数曲线与目标曲线的形状极为相似，但在坐标系中的位置不同，利用上述输出角定义方法衡量所得的综合结果，综合结果的误差较大。若变换参考轴，定义与原参考轴的夹角

为 θ'_4 的轴线为参考轴。此时，综合结果输出函数曲线沿 θ_4 轴平移了 θ'_4(图 3.2.3(b))，给定目标函数曲线和综合所得平面四杆机构的输出函数曲线基本重合。

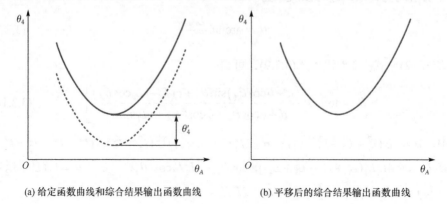

(a) 给定函数曲线和综合结果输出函数曲线　　　(b) 平移后的综合结果输出函数曲线

图 3.2.3　连杆机构输出曲线及平移变换

因此，为提高综合结果精度，根据文献[12]的研究，本书定义平面四杆机构输出角的参考轴为固定坐标系 Oxy 的 x 轴，同时，在设计变量中加入机架偏转角度。图 3.2.4(a)为标准安装位置平面四杆机构。令输入构件相对起始角的最大转动角度为 θ_s，利用离散化处理方法对平面四杆机构输出函数曲线进行采样，采样间隔为 $\theta_s/(2^j-1)$。采样点可以表示为

$$\theta_4(\theta_A^1),\ \theta_4(\theta_A^2),\ \theta_4(\theta_A^3),\ \cdots,\ \theta_4(\theta_A^{2^j-2}),\ \theta_4(\theta_A^{2^j-1}),\ \theta_4(\theta_A^{2^j})$$

式中，$\theta_A^n = \theta'_1 + \theta_1^n$，$\theta_A^n$ 为第 n 个采样点的输入角，$n = 1, 2, \cdots, 2^j$。

根据小波分解理论，平面四杆机构输出函数曲线的 j 级 Db1 小波展开式为

$$\theta_4 = a_{(j,1)}\phi_{(j,1)} + \sum_{J=1}^{j}\sum_{l=1}^{2^{j-J}}\left[d_{(J,l)}\psi_{(J,l)}\right] \tag{3.2.11}$$

式中

$$a_{(j,1)} = \frac{\theta_4(\theta_A^1) + \theta_4(\theta_A^2) + \cdots + \theta_4(\theta_A^{2^j-1}) + \theta_4(\theta_A^{2^j})}{2^j}$$

$$d_{(J,l)} = \frac{\left[\theta_4(\theta_A^{2^J l - 2^J + 1}) + \cdots + \theta_4(\theta_A^{2^J l - 2^{J-1}})\right] - \left[\theta_4(\theta_A^{2^J l - 2^{J-1} + 1}) + \cdots + \theta_4(\theta_A^{2^J l})\right]}{2^J}$$

$$\phi_{(j,1)} = \phi\left(\frac{\theta_A - \theta_A^1}{\theta_s}\right) = \begin{cases} 1, & 0 \leqslant \dfrac{\theta_A - \theta_A^1}{\theta_s} < 1 \\ 0, & 其他 \end{cases}$$

$$\psi_{(J,l)} = \psi\left(2^{j-J}\frac{\theta_A - \theta_A^1}{\theta_s} - l + 1\right) = \begin{cases} 1, & 0 \leqslant 2^{j-J}\dfrac{\theta_A - \theta_A^1}{\theta_s} - l + 1 < \dfrac{1}{2} \\[2mm] -1, & \dfrac{1}{2} \leqslant 2^{j-J}\dfrac{\theta_A - \theta_A^1}{\theta_s} - l + 1 < 1 \\[2mm] 0, & \text{其他} \end{cases}$$

将标准安装位置的平面四杆机构的机架绕坐标原点 O 旋转 θ_{ia}，可得一般安装位置平面四杆机构(图 3.2.4(b))。根据几何关系，输出角可以表示为

$$\theta_4' = \theta_4 + \theta_{ia} \tag{3.2.12}$$

对 θ_4' 进行小波分解，可得 θ_4' 的小波系数表达式，即

$$\theta_4' = a_{(j,1)}'\phi_{(j,1)} + \sum_{J=1}^{j}\sum_{l=1}^{2^{j-J}}\left[d_{(J,l)}'\psi_{(J,l)}\right] \tag{3.2.13}$$

式中

$$a_{(j,1)}' = \frac{\theta_4'(\theta_A^1) + \theta_4'(\theta_A^2) + \cdots + \theta_4'(\theta_A^{2^j-1}) + \theta_4'(\theta_A^{2^j})}{2^j}$$

$$d_{(J,l)}' = \frac{\left[\theta_4'(\theta_A^{2^J l - 2^J + 1}) + \cdots + \theta_4'(\theta_A^{2^J l - 2^{J-1}})\right] - \left[\theta_4'(\theta_A^{2^J l - 2^{J-1}+1}) + \cdots + \theta_4'(\theta_A^{2^J l})\right]}{2^J}$$

$$\phi_{(j,1)} = \phi\left(\frac{\theta_A - \theta_A^1}{\theta_s}\right) = \begin{cases} 1, & 0 \leqslant \dfrac{\theta_A - \theta_A^1}{\theta_s} < 1 \\[2mm] 0, & \text{其他} \end{cases}$$

$$\psi_{(J,l)} = \psi\left(2^{j-J}\frac{\theta_A - \theta_A^1}{\theta_s} - l + 1\right) = \begin{cases} 1, & 0 \leqslant 2^{j-J}\dfrac{\theta_A - \theta_A^1}{\theta_s} - l + 1 < \dfrac{1}{2} \\[2mm] -1, & \dfrac{1}{2} \leqslant 2^{j-J}\dfrac{\theta_A - \theta_A^1}{\theta_s} - l + 1 < 1 \\[2mm] 0, & \text{其他} \end{cases}$$

根据式(3.2.12)，给定标准安装位置平面四杆机构的机架绕坐标原点 O 旋转 θ_{ia} 后，机构输出曲线沿 θ_4 轴平移 θ_{ia}。根据 2.3.1 节的研究，旋转后的平面四杆机构输出函数曲线的小波细节系数与原机构输出函数曲线的小波细节系数完全相同。根据平面四杆机构输出函数小波细节系数的这一特点，本书以平面四杆机构输出函数曲线的后 3 级小波细节系数为输出小波特征参数描述输出函数曲线。在不影响综合结果精度的前提下，可以减小匹配识别负担，提高综合效率。

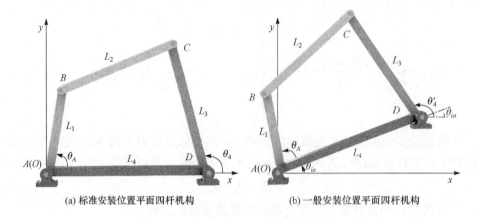

(a) 标准安装位置平面四杆机构　　　　　　(b) 一般安装位置平面四杆机构

图 3.2.4　给定平面四杆机构及旋转 θ_{ia} 后所得机构示意图

3.2.3　平面四杆机构输出函数曲线的动态自适应图谱库建立

根据几何关系可知，机构的整体缩放对连杆机构输出函数没有影响。因此，根据文献[13]，本书在四杆总长为 400 的空间内建立平面四杆机构基本尺寸型数据库。每个构件的起始长度为 1，变化步长为 1。根据格拉斯霍夫准则，建立平面曲柄摇杆机构基本尺寸型数据库。约束条件为

$$L_1 + L_2 + L_3 + L_4 = 400 \tag{3.2.14}$$

$$L_1 + L_4 < L_2 + L_3 \tag{3.2.15}$$

$$L_1 < L_2, L_1 < L_3, L_2 < L_4, L_3 < L_4 \tag{3.2.16}$$

根据上述条件，本书建立包含 41 197 组基本尺寸型的平面四杆机构基本尺寸型数据库。根据 3.2.2 节的分析可知，在相对转动区间已知的前提下，连杆机构输出函数与机构的基本尺寸型(L_1、L_2、L_3、L_4)及机构起始角度有关。由于机构起始角是独立变量，其变化对机构输出函数的小波系数存在影响，同时机构起始角的变化量无法根据小波系数的变化计算出来。因此，本书采用对基本尺寸型生成机构的输出函数曲线整周期扫描的方式建立平面四杆机构输出函数曲线的动态自适应图谱库。

首先，根据给定目标函数曲线的相对转动区间，在各组基本尺寸型生成机构的输出函数曲线上开窗，窗口大小与给定设计要求的相对转动区间相等。对窗口内的输出函数曲线进行离散化采样，并对采样值进行小波变换，可得各组基本尺寸型生成机构在特定起始角情况下的输出小波特征参数。动态自适应图谱库建立过程示意图如图 3.2.5 所示。进而，以一定步长将窗口平移，重复上述步骤，直到窗口将整段机构输出函数曲线扫描完毕。将所有输出小波特征参数及对应的基本尺寸型和窗口位置储存，建立平面四杆机构输出函数曲线的动态自适应图谱库。

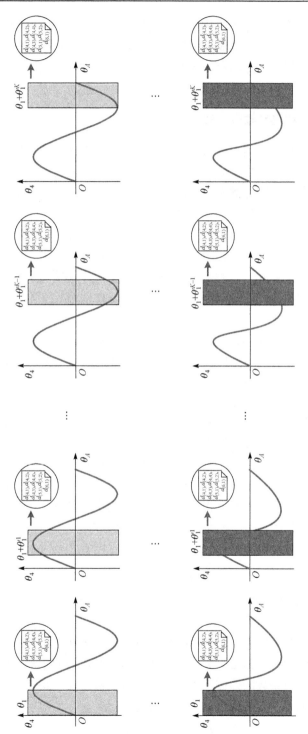

图3.2.5　动态自适应图谱库建立过程示意图

在此基础上，比较给定设计条件的输出小波特征参数与图谱库中储存的输出小波特征参数之间的误差。根据模糊识别理论，误差值越小，对应的连杆机构越满足设计要求。由此可得若干组与设计要求匹配的连杆机构基本尺寸型及目标机构起始角，实现目标机构的匹配识别。

3.2.4　平面四杆机构函数综合步骤

根据 3.2.2 节的分析,利用输出小波特征参数描述平面四杆机构输出函数曲线可以消除机架旋转对特征参数的影响。因此，结合 3.2.3 节建立的平面四杆机构输出函数曲线的动态自适应图谱库，可以实现平面四杆机构非整周期函数综合问题的求解。综合流程如图 3.2.6 所示。具体步骤如下。

① 根据给定设计要求，对目标函数曲线的采样点或给定精确点进行小波变换，提取输出小波特征参数。若给定设计条件为参数方程，则采样点个数为 64，小波分解级数为 6($j = 6$)。若给定设计条件为精确点，则需要将精确点延拓为 2 的整数次幂，再对延拓后的精确点进行小波分解，提取给定精确点的输出小波特征参数。

② 根据格拉斯霍夫准则，建立包含 41 197 组基本尺寸型的平面曲柄摇杆机构数据库。根据给定的设计条件，以 1° 为起始角的初始值，1° 为变化步长，建立包含 14 830 920 组平面曲柄摇杆机构的动态自适应图谱库。图谱库由基本尺寸型、起始角，以及对应的输出小波特征参数构成。

③ 将给定目标函数曲线的输出小波特征参数与动态自适应图谱库中存储的输出小波特征参数进行比较，输出误差值最小的若干组目标机构基本尺寸型和起始角。由于图谱库是以一定步长建立的，数据库中存储的基本尺寸型和机构起始角是离散的，因此利用遗传算法对所得机构的基本尺寸型及起始角进行优化，在匹配识别结果附近搜索更优解。将优化后的若干组机构基本尺寸型和起始角作为综合结果的实际杆长和曲柄初始角度输出。误差函数为

$$\delta = \sum_{J=j-2}^{j} \sum_{l=1}^{2^{j-J}} \left[d_{(J,l)} - d'_{(J,l)} \right]^2 \tag{3.2.17}$$

式中，$d_{(J,l)}$ 为给定目标函数曲线的输出小波特征参数；$d'_{(J,l)}$ 为动态自适应图谱库中存储的输出小波特征参数。

④ 根据 2.3.1 节的研究，平面四杆机构的机架旋转 θ_{ia}，其输出函数曲线的小波近似系数同样增加 θ_{ia}。因此，可以利用若干组目标机构的小波近似系数和给定函数曲线的小波近似系数的差值，求解目标机构的机架安装角度，实现非整周期函数综合问题的求解。安装角度的计算公式为

$$\theta_{ia} = a_{(j,1)} - a'_{(j,1)} \tag{3.2.18}$$

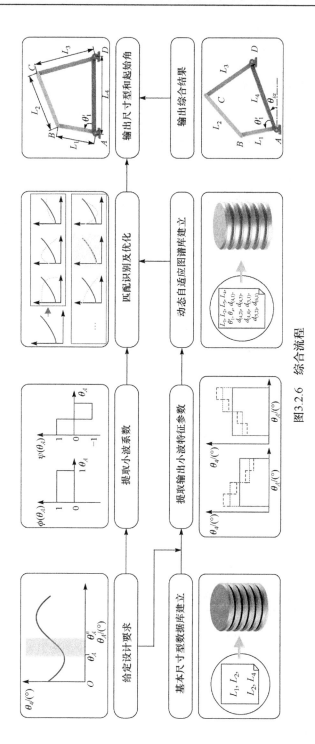

图 3.2.6　综合流程

式中，$a_{(j,1)}$ 为给定目标函数曲线的 j 级小波近似系数；$a'_{(j,1)}$ 为所得综合结果输出函数曲线的 j 级小波近似系数。

3.2.5 平面四杆机构函数综合算例

为验证基于输出小波特征参数的非整周期函数综合方法的正确性和有效性，本节以参数方程为目标函数，对平面四杆机构进行函数综合。给定目标函数为

$$y = 30° \sin x + 20°$$

式中，$x \in [40°, 90°]$。

根据提出的非整周期给定设计要求的输出小波特征参数法对平面四杆机构进行函数综合，利用 MATLAB 软件建立动态自适应图谱库，并对目标机构进行匹配识别。综合结果的对比图和误差图如图 3.2.7 所示。匹配识别所得目标机构基本尺寸型及起始角如表 3.2.1 所示。进而，利用遗传算法对所得目标机构的基本尺寸型及起始角进行优化，并根据式(3.2.18)计算目标机构的实际安装位置。优化后的第 3 组综合结果及对应的输出小波特征参数如表 3.2.2 所示。所得综合结果的平均绝对误差为 0.0148°，最大误差为 0.0321°。本算例共用时 31.475581 s。所用计算机 CPU 型号为 E5-1630 v4，主频为 3.70GHz，计算机内存为 16GB。

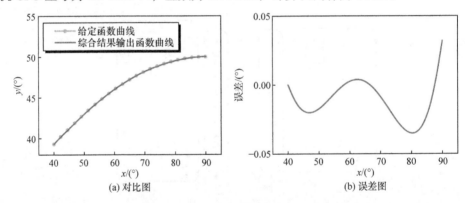

(a) 对比图　　　　　　　　　　　(b) 误差图

图 3.2.7　综合结果的对比图和误差图

表 3.2.1　匹配识别所得目标机构基本尺寸型及起始角

序号	L_1/mm	L_2/mm	L_3/mm	L_4/mm	θ'_1/(°)	δ
1	38	98	106	158	152	4.6646×10^{-3}
2	38	97	107	158	152	4.6887×10^{-3}
3	41	101	104	154	154	4.6491×10^{-3}
4	41	100	105	154	154	4.6351×10^{-3}

表 3.2.2　综合结果及对应的输出小波特征参数

输出小波特征参数	给定目标函数曲线 $y=30°\sin x+20°$, $x\in[40°,90°]$	第3组综合结果 L_1=120.0005 mm, L_2=305.3139 mm L_3=309.0215 mm, L_4=464.9917 mm θ'_1=153.2977°, θ'_{ia}=245.2220°
$d_{(6,1)}$	−2.76425014926760	−2.76039266442893
$d_{(5,1)}$	−2.02461855703851	−2.03167719456872
$d_{(5,2)}$	−0.70540713506470	−0.70332325025312
$d_{(4,1)}$	−1.15449433217897	−1.15158604562214
$d_{(4,2)}$	−0.86389597073461	−0.86828024391086
$d_{(4,3)}$	−0.53103691401441	−0.52126875593601
$d_{(4,4)}$	−0.17220020493371	−0.18842288585678

3.3　平面四杆机构非整周期设计要求轨迹综合

3.3.1　平面四杆机构输出轨迹曲线的数学模型

图 3.3.1 为标准安装位置的平面四杆机构示意图，其中 AB 为输入构件，BC 为连杆，CD 为连架杆，AD 为机架。AB 的长度为 L_1，BC 的长度为 L_2，CD 的长度为 L_3，AD 的长度为 L_4。P 为连杆上任意一点，L_P 为 BP 的长度，θ_P 为 BP 与连杆 BC 之间的夹角。θ'_1 为机构的起始角，θ_1 为输入角，θ_2 为连杆转角，Oxy 为固定坐标系，其中坐标原点 O 与 A 点重合，x 轴与 AD 重合。标准安装位置的平面四杆机构连杆上任意一点 P 的坐标可以表示为

$$x(\theta_A)=L_1\cos\theta_A+L_P\cos(\theta_2+\theta_P) \tag{3.3.1}$$
$$y(\theta_A)=L_1\sin\theta_A+L_P\sin(\theta_2+\theta_P) \tag{3.3.2}$$

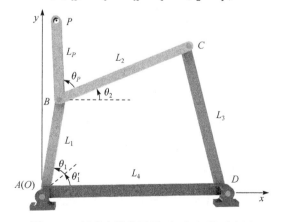

图 3.3.1　标准安装位置平面四杆机构示意图

式中，θ_A 为输入构件转角 $(\theta_A = \theta_1' + \theta_1)$。

根据几何关系，连杆转角 θ_2 可以表示为

$$\theta_2 = \arctan\left[\frac{(a + b\cos\theta_A)\sin\theta_A + c(L_4 - L_1\cos\theta_A)}{d + e\cos\theta_A + b\cos^2\theta_A + cL_1\sin\theta_A}\right] \tag{3.3.3}$$

式中，$a = -L_1(L_1^2 + L_2^2 - L_3^2 + L_4^2)$；$b = 2L_1^2L_4$；$c = \{4L_2^2(L_1^2 + L_4^2) - (L_1^2 + L_2^2 - L_3^2 + L_4^2)^2 - [8L_1L_2^2L_4 - 4L_1L_4(L_1^2 + L_2^2 - L_3^2 + L_4^2)] \times \cos\theta_A - 4L_1^2L_4^2\cos^2\theta_A\}^{1/2}$；$d = L_4(L_1^2 + L_2^2 - L_3^2 + L_4^2)$；$e = -L_1(L_1^2 + L_2^2 - L_3^2 + L_4^2) - 2L_1L_4^2$。

令 Oxy 为复平面，其中 x 为实轴，y 为虚轴，i 为虚数单位。在复平面上，P 点轨迹曲线可以表示为

$$\boldsymbol{P}(\theta_A) = L_1\mathrm{e}^{\mathrm{i}\theta_A} + L_P\mathrm{e}^{\mathrm{i}(\theta_2 + \theta_P)} \tag{3.3.4}$$

一般安装位置平面四杆机构示意图如图 3.3.2 所示。当机构处于一般安装位置时，机架 AD 与 x 轴的夹角为 θ_0，坐标原点 O 与点 A 之间的距离为 L_β，OA 与 x 轴的夹角为 β。此时，轨迹曲线可以表示为

$$\boldsymbol{P}(\theta_A) = L_\beta\mathrm{e}^{\mathrm{i}\beta} + L_1\mathrm{e}^{\mathrm{i}(\theta_0 + \theta_A)} + L_P\mathrm{e}^{\mathrm{i}(\theta_0 + \theta_2 + \theta_P)} \tag{3.3.5}$$

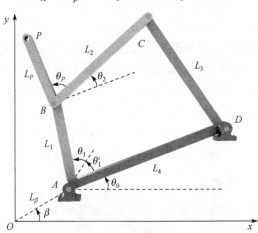

图 3.3.2　一般安装位置平面四杆机构示意图

对轨迹曲线进行离散化采样，采样点数为 $2^j + 1$，根据式(3.3.5)，平面四杆机构连杆轨迹曲线的第 m 个采样点可以表示为

$$\boldsymbol{P}(\theta_A^m) = L_\beta\mathrm{e}^{\mathrm{i}\beta} + L_1\mathrm{e}^{\mathrm{i}(\theta_0 + \theta_A^m)} + L_P\mathrm{e}^{\mathrm{i}(\theta_0 + \theta_2^m + \theta_P)} \tag{3.3.6}$$

式中，$\theta_A^m = \theta_1' + \theta_1^m$，$\theta_1^m$ 为第 m 个采样点对应的输入角，θ_2^m 为第 m 个采样点对应的连杆转角 $(m = 1, 2, \cdots, 2^j + 1)$。

根据 2.3.2 节的分析可知，在复平面上，连杆机构的平移、旋转、缩放对采样点的小波标准化参数没有影响。然而，对于平面四杆机构，连杆上任意一点 P 的位置变化会对连杆轨迹曲线的小波标准化参数产生影响。因此，本节利用预处理方法对采样点对应的矢量进行处理，从而为利用归一化处理方法消除 P 点位置变化对轨迹曲线特征参数的影响提供基础。

对采样点对应的矢量进行预处理，即将所有采样点对应的矢量绕坐标原点逆时针旋转 $\Delta\theta(\Delta\theta = \theta_s/2^j$，$\theta_s$ 为输入构件相对起始角的最大转动角度)，再用原曲线上第 $n+1$ 个采样点对应的矢量减去旋转变换后的第 n 个采样点对应的矢量($n=1$, $2,\cdots,2^j$)。所得的矢量可以表示为

$$E(\theta_A^n) = P(\theta_A^{n+1}) - e^{i\Delta\theta} P(\theta_A^n) \tag{3.3.7}$$

将式(3.3.6)代入式(3.3.7)，可得

$$E(\theta_A^n) = L_\beta e^{i\beta} + L_1 e^{i(\theta_0+\theta_A^{n+1})} + L_P e^{i(\theta_0+\theta_2^{n+1}+\theta_P)} - e^{i\Delta\theta}\left[L_\beta e^{i\beta} + L_1 e^{i(\theta_0+\theta_A^n)} + L_P e^{i(\theta_0+\theta_2^n+\theta_P)}\right]$$

$$\tag{3.3.8}$$

根据输入构件转角关系，$\theta_A^{n+1} = \theta_A^n + \Delta\theta$。因此，式(3.3.8)可以表示为

$$E(\theta_A^n) = L_\beta e^{i\beta}(1 - e^{i\Delta\theta}) + L_P e^{i(\theta_0+\theta_P)} r^n \tag{3.3.9}$$

式中，$r^n = e^{i\theta_2^{n+1}} - e^{i(\theta_2^n+\Delta\theta)}$。

根据式(3.3.9)，预处理后得到的矢量包含所有四杆机构尺寸参数。在保证四杆机构尺寸参数信息完整的前提下，预处理可以为利用输出小波特征参数描述连杆机构轨迹曲线提供基础，从而消除机构旋转、平移、缩放，以及 P 点的位置变化对轨迹曲线特征参数的影响。本书定义预处理后可得的矢量为曲线特征矢量。

图 3.3.3 为采样点预处理示意图。给定轨迹曲线上的 4 个采样点对应的矢量分别为 $P(\theta_A^1)$、$P(\theta_A^2)$、$P(\theta_A^3)$、$P(\theta_A^4)$，将给定轨迹曲线绕坐标原点逆时针旋转 $\Delta\theta$，旋转后轨迹曲线上的 4 个采样点对应的矢量变为 $e^{i\Delta\theta} P(\theta_A^1)$、$e^{i\Delta\theta} P(\theta_A^2)$、$e^{i\Delta\theta} P(\theta_A^3)$、$e^{i\Delta\theta} P(\theta_A^4)$。将原始曲线上的第二个采样点对应的矢量 $P(\theta_A^2)$ 减去旋转后曲线上的第一个采样点对应的矢量 $e^{i\Delta\theta} P(\theta_A^1)$，可得特征矢量 $E(\theta_A^1)$；将原始曲线上第三个采样点对应的矢量 $P(\theta_A^3)$ 减去旋转后曲线上的第二个采样点对应的矢量 $e^{i\Delta\theta} P(\theta_A^2)$，可得特征矢量 $E(\theta_A^2)$；将原始曲线上的第四个采样点对应的矢量 $P(\theta_A^4)$ 减去旋转后曲线上的第三个采样点对应的矢量 $e^{i\Delta\theta} P(\theta_A^3)$，可得特征矢量 $E(\theta_A^3)$。

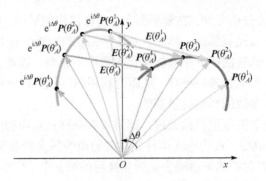

图 3.3.3　采样点预处理示意图

3.3.2　平面四杆机构轨迹曲线的输出小波特征参数

根据式(3.3.9)，任意四杆机构轨迹曲线可以用一组曲线特征矢量 $E(\theta_A^1)$，$E(\theta_A^2)$，$\cdots$，$E(\theta_A^{2^j})$ 表示。根据小波变换理论，利用 Db1 小波对曲线特征矢量进行小波分解，曲线特征矢量的一级小波分解可以表示为

$$E = E_1 + W_1 \tag{3.3.10}$$

$$E_1 = \sum_{l=1}^{2^{j-1}} \left[\frac{E(\theta_A^{2l-1}) + E(\theta_A^{2l})}{2} \phi \left(2^{j-1} \frac{\theta_A - \theta_A^1}{\theta_s} - l + 1 \right) \right] \tag{3.3.11}$$

$$W_1 = \sum_{l=1}^{2^{j-1}} \left[\frac{E(\theta_A^{2l-1}) - E(\theta_A^{2l})}{2} \psi \left(2^{j-1} \frac{\theta_A - \theta_A^1}{\theta_s} - l + 1 \right) \right] \tag{3.3.12}$$

式中，$l = 1, 2, \cdots, 2^{j-1}$。

根据式(2.2.14)，可得

$$E_{J-1} = E_J + W_J \tag{3.3.13}$$

$$E_J = \sum_{l=1}^{2^{j-J}} \left[\frac{E(\theta_A^{2^J l - 2^J + 1}) + \cdots + E(\theta_A^{2^J l})}{2^J} \phi \left(2^{j-J} \frac{\theta_A - \theta_A^1}{\theta_s} - l + 1 \right) \right] \tag{3.3.14}$$

$$W_J = \sum_{l=1}^{2^{j-J}} \left\{ \frac{\left[E(\theta_A^{2^J l - 2^J + 1}) + \cdots + E(\theta_A^{2^J l - 2^{J-1}}) \right] - \left[E(\theta_A^{2^J l - 2^{J-1} + 1}) + \cdots + E(\theta_A^{2^J l}) \right]}{2^J} \right.$$

$$\left. \times \psi \left(2^{j-J} \frac{\theta_A - \theta_A^1}{\theta_s} - l + 1 \right) \right\} \tag{3.3.15}$$

式中，$J = 2, 3, \cdots, j$。

对式(3.3.10)继续分解可得如下曲线特征矢量小波分解式。

曲线特征矢量的二级小波分解为 $E = E_2 + W_2 + W_1$。

曲线特征矢量的三级小波分解为 $E = E_3 + W_3 + W_2 + W_1$。

依此类推，曲线特征矢量的 j 级小波分解为

$$E = E_j + \sum_{J=1}^{j} W_J \tag{3.3.16}$$

根据式(3.3.14)～式(3.3.16)，曲线特征矢量的 j 级小波分解可以表示为

$$E(\theta_A) = \boldsymbol{a}_{(j,1)}\phi_{(j,1)} + \sum_{J=1}^{j}\sum_{l=1}^{2^{j-J}}\left[\boldsymbol{d}_{(J,l)}\psi_{(J,l)}\right] \tag{3.3.17}$$

$$\boldsymbol{a}_{(j,1)} = \frac{E\left(\theta_A^1\right) + E\left(\theta_A^2\right) + \cdots + E\left(\theta_A^{2^j-1}\right) + E\left(\theta_A^{2^j}\right)}{2^j} \tag{3.3.18}$$

$$\boldsymbol{d}_{(J,l)} = \frac{\left[E\left(\theta_A^{2^J l - 2^J + 1}\right) + \cdots + E\left(\theta_A^{2^J l - 2^{J-1}}\right)\right] - \left[E\left(\theta_A^{2^J l - 2^{J-1} + 1}\right) + \cdots + E\left(\theta_A^{2^J l}\right)\right]}{2^J}$$

$$\tag{3.3.19}$$

$$\phi_{(j,1)} = \phi\left(\frac{\theta_A - \theta_A^1}{\theta_s}\right) = \begin{cases} 1, & 0 \leqslant \dfrac{\theta_A - \theta_A^1}{\theta_s} < 1 \\ 0, & \text{其他} \end{cases} \tag{3.3.20}$$

$$\psi_{(J,l)} = \psi\left(2^{j-J}\frac{\theta_A - \theta_A^1}{\theta_s} - l + 1\right) = \begin{cases} 1, & 0 \leqslant 2^{j-J}\dfrac{\theta_A - \theta_A^1}{\theta_s} - l + 1 < \dfrac{1}{2} \\ -1, & \dfrac{1}{2} \leqslant 2^{j-J}\dfrac{\theta_A - \theta_A^1}{\theta_s} - l + 1 < 1 \\ 0, & \text{其他} \end{cases} \tag{3.3.21}$$

式中，$\boldsymbol{a}_{(j,1)}$ 为平面四杆机构连杆轨迹曲线的 j 级小波近似系数；$\boldsymbol{d}_{(J,l)}$ 为 J 级小波细节系数。

根据 2.3.2 节提出的归一化处理方法，对平面连杆机构轨迹曲线的小波细节系数进行处理，可得平面四杆机构连杆轨迹曲线的小波标准化参数($\boldsymbol{d}_{(j,1)} \neq 0$)，即

$$\boldsymbol{b}_{(J,l)} = 2^{j-J}\frac{\left[E\left(\theta_A^{2^J l - 2^J + 1}\right) + \cdots + E\left(\theta_A^{2^J l - 2^{J-1}}\right)\right] - \left[E\left(\theta_A^{2^J l - 2^{J-1} + 1}\right) + \cdots + E\left(\theta_A^{2^J l}\right)\right]}{\left[E\left(\theta_A^1\right) + \cdots + E\left(\theta_A^{2^{j-1}}\right)\right] - \left[E\left(\theta_A^{2^{j-1}+1}\right) + \cdots + E\left(\theta_A^{2^j}\right)\right]} \tag{3.3.22}$$

将式(3.3.9)代入式(3.3.22)可得

$$\boldsymbol{b}_{(J,l)} = 2^{j-J}\frac{\left(\boldsymbol{r}_2^{2^J l - 2^J + 1} + \cdots + \boldsymbol{r}_2^{2^J l - 2^{J-1}}\right) - \left(\boldsymbol{r}_2^{2^J l - 2^{J-1} + 1} + \cdots + \boldsymbol{r}_2^{2^J l}\right)}{\left(\boldsymbol{r}_2^1 + \cdots + \boldsymbol{r}_2^{2^{j-1}}\right) - \left(\boldsymbol{r}_2^{2^{j-1}+1} + \cdots + \boldsymbol{r}_2^{2^j}\right)} \tag{3.3.23}$$

根据复数运算的几何意义，对小波细节系数进行归一化处理相当于将所有小

波细节系数对应的矢量进行旋转和缩放。其中，旋转角度是 j 级小波细节系数对应矢量的辐角，缩放系数为单位长度与 j 级小波细节系数对应的矢量长度的比值。根据式(3.3.23)，连杆轨迹曲线的小波标准化参数由连杆转角(θ_2)确定。同时，连杆转角只与机构起始角 (θ_1')，输入构件相对起始角的最大转动角度(θ_s)及基本尺寸型(L_1、L_2、L_3、L_4)有关。本节定义上述参数为特征尺寸型。除特征尺寸型外，连杆 P 点的位置参数(L_P、θ_P)及安装位置参数(L_β、β、θ_0)的改变对小波标准化参数没有影响。例如，3 组给定机构连杆轨迹曲线的小波标准化参数(表 3.3.1)。

表 3.3.1   3 组给定机构连杆轨迹曲线的小波标准化参数

小波标准化参数	第 1 组机构	第 2 组机构	第 3 组机构
	L_1=300mm, L_2=400mm, L_3=500mm, L_4=550mm, L_P=350mm, L_β=200mm, θ_P=40°, β=30°, θ_0=20°, θ_1'=50°, θ_s=140°	L_1=300mm, L_2=400mm, L_3=500mm, L_4=550mm, L_P=150mm, L_β=120mm, θ_P=20°, β=70°, θ_0=40°, θ_1'=50°, θ_s=140°	L_1=300mm, L_2=400mm, L_3=500mm, L_4=550mm, L_P=150mm, L_β=120mm, θ_P=20°, β=70°, θ_0=40°, θ_1'=60°, θ_s=140°
$b_{(6,1)}$	1	1	1
$b_{(5,1)}$	0.6569+0.3665i	0.6569+0.3665i	0.4801+0.3508i
$b_{(5,2)}$	0.5291−0.3879i	0.5291−0.3879i	0.6927−0.3569i
$b_{(4,1)}$	0.4564+0.3263i	0.4564+0.3263i	0.3107+0.2926i
$b_{(4,2)}$	0.2303+0.0781i	0.2303+0.0781i	0.1902+0.0819i
$b_{(4,3)}$	0.1987−0.0756i	0.1987−0.0756i	0.2509−0.0887i
$b_{(4,4)}$	0.3421−0.3070i	0.3421−0.3070i	0.4141−0.2340i

第 1 组机构安装位置参数为 L_β=200 mm，β=30°，θ_0=20°。机构尺寸参数为 L_1= 300 mm，L_2=400 mm，L_3=500 mm，L_4=550 mm，L_P=350 mm，θ_P=40°。输入构件转角为 $\theta_A \in [50°，190°]$。

第 2 组机构安装位置参数为 L_β=120 mm，β=70°，θ_0=40°。机构尺寸参数为 L_1= 300 mm，L_2=400 mm，L_3=500 mm，L_4=550 mm，L_P=150 mm，θ_P=20°。输入构件转角为 $\theta_A \in [50°，190°]$。

第 3 组机构安装位置参数为 L_β=120 mm，β=70°，θ_0=40°。机构尺寸参数为 L_1=300 mm，L_2=400 mm，L_3=500 mm，L_4=550 mm，L_P=150 mm，θ_P=20°。输入构件转角为 $\theta_A \in [60°，200°]$。

第1组给定机构与第2组给定机构的特征尺寸型相同,机构安装位置参数(L_β，β，θ_0)及连杆任意一点 P 的位置参数(L_P，θ_P)不同，第 2 组机构与第 3 组机构除起始角不同，其他机构参数全部相同。利用 3.3.1 节给出的方法提取 3 组给定四杆机构的曲线特征矢量。根据小波变换理论对曲线特征矢量进行小波分解($j = 6$)，表 3.3.1 列出了 3 组给定机构的后 3 级小波标准化参数。由此可知，机构特征尺寸型相同的四杆机构小波标准化参数也相同。根据这一特点，本书建立平面四杆机构连杆轨迹曲线的动态自适应图谱库，进而实现在有限的存储空间中将特征尺寸型相同的四杆机构聚类储存，消除图谱库中的数据冗余，为利用输出小波特征参数法求解平面四杆机构非整周期轨迹综合问题提供基础。本书定义轨迹曲线的 j–1 级和 j–2 级小波标准化参数为平面四杆机构连杆轨迹曲线的输出小波特征参数。

3.3.3　平面四杆机构输出轨迹曲线动态自适应图谱库建立

利用数值图谱法求解连杆机构轨迹综合问题时，综合结果的精度主要取决于提取的特征参数对轨迹曲线描述的精确程度，以及所建立的图谱库中包含特征尺寸型的维度。在特征尺寸型维度相同的条件下，建库时各机构尺寸型变化步长越小，图谱库中包含的轨迹曲线类型就越多，综合过程耗时越长，综合结果的精度越高；建库时各机构尺寸型变化步长越大，图谱库中包含的轨迹曲线类型就越少，综合过程耗时越短，综合结果的精度越低。由于受计算机存储容量和匹配识别时间限制，现有基于数值图谱的四杆机构轨迹综合方法往往只能解决特定相对转动区间的轨迹综合问题，即在给定输入构件相对转动区间的前提下对目标机构进行轨迹综合。然而，对于实际平面四杆机构非整周期轨迹综合问题，相对转动区间往往是未知的。由 3.3.1 节和 3.3.2 节的分析可知，θ_s 是独立变量，无法从轨迹曲线小波系数或小波标准化参数中分离出来。对于没有预定相对转动区间的连杆机构轨迹综合问题，采用数值图谱法求解该类问题时，往往需要人为预定相对转动区间。然而，此方法的综合结果对设计者的设计经验依赖性大，并且无法保证预定的相对转动区间内存在近似最优解。如果利用输出小波特征参数建立包含多个相对转动区间的图谱库，例如以 1 为基本尺寸型初始值，3 为变化步长，每组基本尺寸型总和为 1000；相对转动区间的初始值为 31°，最大值为 299°，2° 为步长；机构起始角的初始值为 1°，步长为 2°，建立平面四杆机构轨迹曲线数值图谱库。图谱库中只存储特征尺寸型的 j–1 和 j–2 级输出小波特征参数(参数个数为 6)，建立的数据库需要约 134 Gbit，建库时间约为 1250 h。由于数据量过大，无法同时加载进内存，数据读取耗时较长。在不考虑数据读取时间的前提下，仅匹配识别过程仍需要约 40 000 s。

针对上述问题，本书结合多维搜索树，建立平面四杆机构连杆轨迹曲线的动态自适应图谱库，根据给定设计条件的输出小波特征参数与自适应图谱库存储的输出小波特征参数的相似程度，输出多组目标机构特征尺寸型。

根据 2.4 节的分析，小波变换通过伸缩和平移小波函数对目标函数曲线进行逐步多尺度细化，利用小波系数描述函数曲线与尺度函数和小波函数的相似程度实现特征信息提取。其中小波近似系数可以描述曲线在当前尺度下的大体趋势，小波细节系数可以描述曲线在当前尺度下的变化情况。由于四杆机构连杆轨迹曲线连续且平滑(不考虑尖点问题)，j–1 级小波标准化参数($b_{(j-1,1)}$和 $b_{(j-1,2)}$)可以表示曲线在低分辨率下的走势和特征。据此，本书将各相对转动区间内的特征尺寸型进行分区，建立索引关键字数据库。通过比较给定轨迹曲线 j–1 级小波标准化参数与索引关键字，查找到目标机构特征尺寸型所在的叶子节点，进而提取叶子节点中特征尺寸型生成机构连杆轨迹曲线的输出小波特征参数，建立平面四杆机构连杆轨迹曲线的动态自适应图谱库。具体步骤如下。

① 以 1 为基本尺寸型初始值，变化步长为 3，每组基本尺寸型总和为 1000，建立基本尺寸型数据库。根据格拉斯霍夫准则，满足曲柄存在条件的基本尺寸型有 123 633 组。对于任意一组基本尺寸型，在输入构件相对转动区间一定的情况下(θ_s 为定值)，其机构起始角的变化区间为 $\theta'_1 \in (0°，360°]$。因此，本书以 1°为初始值，2°为步长，在基本尺寸型数据库中加入机构起始角，可得包含 22 253 940 组机构尺寸型的 5 维数据库，其中每一组机构尺寸型包括四杆杆长及机构起始角(L_1、L_2、L_3、L_4、θ'_1)。在此基础上，在 5 维机构尺寸型数据库中加入输入构件相对起始角的最大转动角度，其变化区间为 $\theta_s \in [31°，299°]$。以 2°为步长建立包含 3 004 281 900 组机构尺寸型的 6 维特征尺寸型数据库。

② 根据 3.3.2 节的分析，除特征尺寸型外，其他四杆机构尺寸参数及安装位置参数的变化对小波标准化参数没有影响。为了方便计算机构实际尺寸和安装位置参数，令 $L_P = 1$，$L_\beta = 0$，$\theta_P = 0°$，$\beta = 0°$，$\theta_0 = 0°$，将上述参数与 6 维特征尺寸型数据库中存储的特征尺寸型相结合，可得特征尺寸型生成机构的连杆轨迹曲线。进而，对各组连杆轨迹曲线进行预处理、小波变换、归一化处理，将得到的 j–1 级小波标准化参数与相应的机构尺寸型存储于输出小波特征参数数据库。

③ 利用多维搜索树，对各相对转动区间内的特征尺寸型进行分区，建立索引关键字数据库。首先，根据第 j–1 级输出小波特征参数第一项的实部，将特征尺寸型排序，建立深度为 2 的多维搜索树(图 3.3.4，其中 kw 为关键字)。其中，子树节点的关键字为输出小波特征参数中第一项实部构成序列的四等分点数值。根据第一项输出小波特征参数的虚部，第二项输出小波特征参数的实部和虚部的数值，对子树进行划分。最终，可得深度为 5 的 4 阶搜索树，其中叶子节点数为 256 个，每个节点存储约 87 000 个特征尺寸型编号。尺寸型编号用 32 位无符号整数储存，每个尺寸型编号占用 4 Byte，每个叶子节点理论上占用磁盘空间约为 348 060 Byte。由于所用软件为 MATLAB 2014a，存储的文件被压缩并使用 Unicode 字符编码，最终叶子节点占用磁盘空间约为 200 KByte。索引关键字数据库包含 135 组相对转动区间的索引关键字序列，每个序列包括 255 个关键字。

④ 根据设计要求，提取给定轨迹曲线的 j–1 级输出小波特征参数。通过与索引关键字数据库中的关键字比对，查询可得目标机构尺寸型所在的叶子节点。根据多尺度分析理论，结合特征尺寸型数据库，提取叶子节点中全部特征尺寸型生成四

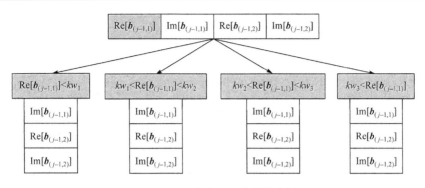

图 3.3.4　深度为 2 的多维搜索树

杆机构的输出小波特征参数，建立平面四杆机构连杆轨迹曲线的动态自适应图谱库。自适应图谱库的每组数据包括机构尺寸型编号和相应的 j–1 级和 j–2 级输出小波特征参数。每个特征参数占用 8 Byte，自适应图谱库占用内存空间约为 627.251MByte。建库约用时 320 s。

上述方法可以建立以设计要求为条件的动态自适应图谱库，为利用数值图谱法求解平面四杆机构非整周期轨迹综合问题提供基础。

3.3.4　平面四杆机构轨迹综合步骤

根据上述分析可知，通过预处理、小波变换、归一化处理可得平面四杆机构连杆轨迹曲线的输出小波特征参数，进而结合索引关键字数据库和特征尺寸型数据库可以实现平面四杆机构非预定相对转动区间轨迹综合问题的求解。平面四杆机构轨迹综合步骤(图 3.3.5)如下。

① 根据给定设计要求，利用 Db1 小波对给定目标轨迹曲线进行预处理、小波变换、归一化处理，提取给定目标轨迹曲线的输出小波特征参数。

② 根据给定目标机构轨迹曲线的 j–1 级输出小波特征参数，在索引关键字数据库查找目标机构特征尺寸型所在叶子节点。其中，每个相对转动区间查找一个叶子节点，提取所有叶子节点中储存的特征尺寸型的输出小波特征参数，建立平面四杆机构动态自适应图谱库。动态自适应图谱库包括特征尺寸型编号，以及对应的输出小波特征参数。

③ 根据给定目标轨迹曲线输出小波特征参数与动态自适应图谱库中存储的输出小波特征参数的误差，输出若干组误差最小的特征尺寸型。误差函数可以表示为

$$\delta = \sum_{J=j-2}^{j-1} \sum_{l=1}^{2^{j-J}} \left| \boldsymbol{b}_{(J,l)} - \boldsymbol{b}'_{(J,l)} \right| \tag{3.3.24}$$

式中，$\boldsymbol{b}_{(J,l)}$ 为给定目标轨迹曲线的 J 级输出小波特征参数；$\boldsymbol{b}'_{(J,l)}$ 为动态自适应图

谱库中存储的 J 级输出小波特征参数。

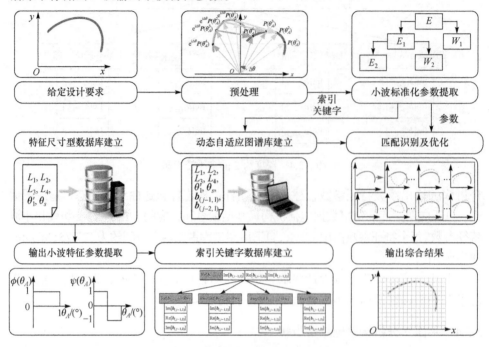

图 3.3.5　平面四杆机构轨迹综合步骤

④ 由于建立的动态自适应图谱库中特征尺寸型是离散的。同时，在利用多维搜索树检索目标机构尺寸型的过程中，没有进行回溯，因此利用遗传算法对步骤③所得的特征尺寸型进行优化，在特征尺寸型附近搜索更优解。

⑤ 根据给定目标轨迹曲线的小波系数与步骤④所得的机构连杆轨迹曲线小波系数之间的内在联系，计算目标机构实际尺寸及安装位置。具体理论公式如下。

BP 的长度 L_P 为

$$L_P = \sqrt{\left[\mathrm{Re}\left(\frac{\boldsymbol{d}_{(j,1)}}{\boldsymbol{d}'_{(j,1)}}\right)\right]^2 + \left[\mathrm{Im}\left(\frac{\boldsymbol{d}_{(j,1)}}{\boldsymbol{d}'_{(j,1)}}\right)\right]^2} \tag{3.3.25}$$

式中，$\boldsymbol{d}_{(j,1)}$ 为给定目标轨迹曲线的 j 级小波细节系数；$\boldsymbol{d}'_{(j,1)}$ 为所得特征尺寸型生成机构的 j 级小波细节系数。

机架的位置 L_β 和 β 为

$$L_\beta = \sqrt{\left[\mathrm{Re}(\boldsymbol{c})\right]^2 + \left[\mathrm{Im}(\boldsymbol{c})\right]^2} \tag{3.3.26}$$

$$\beta = \arctan\left[\frac{\mathrm{Im}(\boldsymbol{c})}{\mathrm{Re}(\boldsymbol{c})}\right] \tag{3.3.27}$$

式中

$$c = \frac{\boldsymbol{a}_{(j,1)} - \boldsymbol{a}'_{(j,1)} L_P \, \mathrm{e}^{\mathrm{i}(\theta_P + \theta_0)}}{1 - \mathrm{e}^{\mathrm{i}\Delta\theta}} \tag{3.3.28}$$

式中，$\boldsymbol{a}_{(j,1)}$ 为给定目标轨迹曲线的 j 级小波近似系数；$\boldsymbol{a}'_{(j,1)}$ 为特征尺寸型生成机构的 j 级小波近似系数。

$\theta_P + \theta_0$ 为

$$\theta_P + \theta_0 = \arctan\left[\frac{\mathrm{Im}(\boldsymbol{e})}{\mathrm{Re}(\boldsymbol{e})}\right] \tag{3.3.29}$$

式中，$\boldsymbol{e} = \dfrac{\boldsymbol{d}_{(j,1)}}{\boldsymbol{d}'_{(j,1)}}$。

目标机构实际杆长为

$$L_{NM} = k L'_{NM} \tag{3.3.30}$$

式中，$NM = 1, 2, 3, 4$；L'_{NM} 为优化后的基本尺寸型；比例系数 k 为

$$k = \frac{\sqrt{\left[\mathrm{Re}\left(\boldsymbol{P}(\theta_A^1) - L_P \mathrm{e}^{\mathrm{i}\left(\theta_0 + \theta_2^1 + \theta_P\right)} - L_\beta \mathrm{e}^{\mathrm{i}\beta}\right)\right]^2 + \left[\mathrm{Im}\left(\boldsymbol{P}(\theta_A^1) - L_P \mathrm{e}^{\mathrm{i}\left(\theta_0 + \theta_2^1 + \theta_P\right)} - L_\beta \mathrm{e}^{\mathrm{i}\beta}\right)\right]^2}}{L_1'}$$

$$\tag{3.3.31}$$

机架偏转角度 θ_0 为

$$\theta_0 = \arctan\left[\frac{\mathrm{Im}\left(\boldsymbol{P}(\theta_A^1) - L_P \mathrm{e}^{\mathrm{i}\left(\theta_0 + \theta_2^1 + \theta_P\right)} - L_\beta \mathrm{e}^{\mathrm{i}\beta}\right)}{\mathrm{Re}\left(\boldsymbol{P}(\theta_A^1) - L_P \mathrm{e}^{\mathrm{i}\left(\theta_0 + \theta_2^1 + \theta_P\right)} - L_\beta \mathrm{e}^{\mathrm{i}\beta}\right)}\right] - \theta_1' \tag{3.3.32}$$

式中，$\boldsymbol{P}(\theta_A^1)$ 为给定目标轨迹曲线的第一个采样点；θ_2^1 为所得特征尺寸型生成机构连杆轨迹曲线上第一个采样点对应的连杆转角。

将 θ_0 代入式(3.3.29)，可得 BP 与连杆的夹角 θ_P。

3.3.5 平面四杆机构轨迹综合算例

为验证上述理论方法的正确性，本节以文献[14]给出的直线轨迹作为设计条件，对平面四杆机构进行轨迹综合。目标轨迹为从坐标点(0.5，0)到坐标点(0.93，0.25)的直线。由于文献[14]提出的综合方法是基于传统图谱法的平面四杆机构轨迹综合方法，因此只能在特定相对转动区间进行搜索。文献[14]中人为预定相对转动区间为 $\theta_s = 135°$。所得最优综合结果的平均欧氏距离误差为 1.5×10^{-3} m。我们利用本书所提出的方法，对相同目标轨迹进行综合，所得结果列于表 3.3.2。综合结果的连杆轨迹曲线与目标轨迹曲线的对比图如图 3.3.6 所示。综合结果的误差图如图 3.3.7 所示。综合过程所用时间为 335.472 046 s。

表 3.3.2　综合结果

尺寸参数	第 1 组综合结果 $\delta = 1.52 \times 10^{-7}$	第 2 组综合结果 $\delta = 6.88 \times 10^{-7}$	第 3 组综合结果 $\delta = 7.27 \times 10^{-7}$
L_1/m	0.8001	0.1868	0.1388
L_2/m	3.7388	0.9264	1.1133
L_3/m	4.9747	1.3161	1.0696
L_4/m	5.1958	2.0314	2.0121
L_P/m	5.3118	3.2077	5.2451
L_β/m	5.4397	3.2895	5.3621
θ_P/(°)	25.7544	222.7919	219.8574
β/(°)	70.1248	306.0704	302.5710
θ_0/(°)	165.3702	228.6296	237.7738
θ_1'/(°)	177.0392	77.0817	74.1475
θ_s/(°)	29.5697	30.7606	30.2854

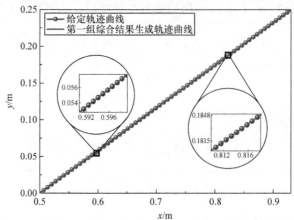

图 3.3.6　综合结果的连杆轨迹曲线与目标轨迹曲线的对比图

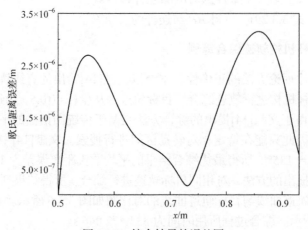

图 3.3.7　综合结果的误差图

由于本书提出的方法是在非预定相对转动区间的条件下进行特征提取及匹配识别，所得综合结果的近似最优相对转动区间约为 30°，平均欧氏距离误差为 $1.5734×10^{-6}$ m，综合结果精度比传统数值图谱法提高 1000 倍。通过与传统数值图谱法的综合结果比较，可以发现相对转动区间对综合结果的影响较大。在轨迹综合问题中，相对转动区间往往是未知的，虽然设计人员可以通过曲线形状及相关经验对目标机构的相对转动区间进行预估，但仍无法保证预定的相对转动区间内存在近似最优解。相对传统数值图谱法只能在单一相对转动区间内进行匹配识别，本书提出的平面四杆机构轨迹综合方法可以实现在大量相对转动区间内同步进行匹配识别搜索，具有图谱库占用空间少，涵盖机构尺寸型多，匹配时间短的特点。因此，它在轨迹综合问题的求解上具有独特的优势。

3.4　平面四杆机构非整周期设计要求刚体导引综合

3.4.1　平面四杆机构连杆转角函数与刚体转角函数的关系

如图 3.4.1 所示为刚体导引机构示意图，其中 AD 为机构机架，AB 为输入构件，BC 为机构连杆，CD 为机构连架杆，P 和 Q 为连杆上任意点，BC 与 BQ 的夹角为 θ_Q，BC 与 BP 的夹角为 θ_P。杆 AB、BC、CD、AD、BP 和 BQ 所对应的杆长分别为 L_1、L_2、L_3、L_4、L_P 和 L_Q。Oxy 为固定坐标系。坐标原点 O 与点 A 之间的距离为 L_β，OA 和 x 轴之间的夹角为 β。θ_1 为输入角，θ_1' 为机构起始角，θ_2 为连杆转角，γ 为刚体转角，机架 AD 与 x 轴的夹角为 θ_0。令 Oxy 为复平面(x 为实轴，y 为虚轴)。在复平面上，P 点和 Q 点的轨迹曲线为

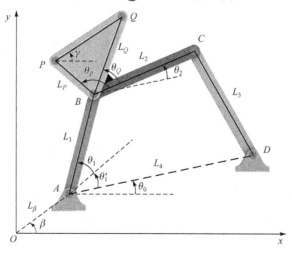

图 3.4.1　刚体导引机构示意图

$$\boldsymbol{P}(\theta_A) = L_\beta\,e^{i\beta} + L_1\,e^{i(\theta_0 + \theta_A)} + L_P\,e^{i(\theta_0 + \theta_2 + \theta_P)} \tag{3.4.1}$$

$$\boldsymbol{Q}(\theta_A) = L_\beta\,e^{i\beta} + L_1\,e^{i(\theta_0 + \theta_A)} + L_Q\,e^{i(\theta_0 + \theta_2 + \theta_Q)} \tag{3.4.2}$$

式中，θ_A 为输入构件转角 ($\theta_A = \theta_1' + \theta_1$)。

连杆 BC 上的标线 PQ 为

$$\boldsymbol{PQ}(\theta_A) = \boldsymbol{Q}(\theta_A) - \boldsymbol{P}(\theta_A) = \left[L_Q\,e^{i(\theta_0 + \theta_Q)} - L_P\,e^{i(\theta_0 + \theta_P)} \right] e^{i\theta_2} \tag{3.4.3}$$

由式(3.4.3)可知，对于任意给定的刚体导引机构，L_P、L_Q、θ_P、θ_Q 和 θ_0 为定值。因此，四杆机构刚体导引的位置生成函数取决于连杆转角函数。根据 3.3.1 节可知，平面四杆机构的连杆转角由机构的基本尺寸型确定，即刚体导引机构的位置转角函数由机构的基本尺寸型决定。$L_Q\,e^{i(\theta_0 + \theta_Q)} - L_P\,e^{i(\theta_0 + \theta_P)}$ 只影响运动刚体的点位，由基本尺寸型生成机构的连杆标线位置决定。根据几何关系，刚体导引转角函数与连杆转角函数之间的关系可以表示为

$$\tan(\gamma(\theta_A)) = \frac{L_Q\sin\left[\theta_Q + \theta_2(\theta_A) + \theta_0\right] - L_P\sin\left[\theta_P + \theta_2(\theta_A) + \theta_0\right]}{L_Q\cos\left[\theta_Q + \theta_2(\theta_A) + \theta_0\right] - L_P\cos\left[\theta_P + \theta_2(\theta_A) + \theta_0\right]} \tag{3.4.4}$$

由式(3.4.4)可得

$$\tan(\gamma(\theta_A)) = \tan\left\{\theta_2(\theta_A) + \arctan\left[\frac{L_Q\sin(\theta_Q + \theta_0) - L_P\sin(\theta_P + \theta_0)}{L_Q\cos(\theta_Q + \theta_0) - L_P\cos(\theta_P + \theta_0)}\right]\right\} \tag{3.4.5}$$

由式(3.4.5)可得

$$\gamma(\theta_A) = \theta_2(\theta_A) + \arctan\left[\frac{L_Q\sin(\theta_Q + \theta_0) - L_P\sin(\theta_P + \theta_0)}{L_Q\cos(\theta_Q + \theta_0) - L_P\cos(\theta_P + \theta_0)}\right] \tag{3.4.6}$$

令 $\arctan\left[\dfrac{L_Q\sin(\theta_Q + \theta_0) - L_P\sin(\theta_P + \theta_0)}{L_Q\cos(\theta_Q + \theta_0) - L_P\cos(\theta_P + \theta_0)}\right]$ 为 K，则式(3.4.6)可写为

$$\gamma(\theta_A) = \theta_2(\theta_A) + K \tag{3.4.7}$$

3.4.2　平面四杆机构刚体转角输出的小波分析

令输入构件相对起始角的最大转动角度为 θ_s，利用离散化处理方法对平面四杆机构刚体转角进行采样，采样间隔为 $\theta_s/(2^j - 1)$。采样点可以表示为

$$\gamma(\theta_A^1),\ \gamma(\theta_A^2),\ \gamma(\theta_A^3),\ \cdots,\ \gamma(\theta_A^{2^j - 2}),\ \gamma(\theta_A^{2^j - 1}),\ \gamma(\theta_A^{2^j})$$

根据小波变换理论，利用 Db1 小波对刚体转角进行小波分解，平面四杆机构刚体转角的 j 级 Db1 小波展开式为

$$\gamma = a_{(j,1)}\phi_{(j,1)} + \sum_{J=1}^{j}\sum_{l=1}^{2^{j-J}}\left[d_{(J,l)}\psi_{(J,l)} \right] \tag{3.4.8}$$

$$a_{(j,1)} = \frac{\gamma(\theta_A^1) + \gamma(\theta_A^2) + \cdots + \gamma(\theta_A^{2^j-1}) + \gamma(\theta_A^{2^j})}{2^j} \tag{3.4.9}$$

$$d_{(J,l)} = \frac{\left[\gamma(\theta_A^{2^J l - 2^J + 1}) + \cdots + \gamma(\theta_A^{2^J l - 2^{J-1}}) \right] - \left[\gamma(\theta_A^{2^J l - 2^{J-1} + 1}) + \cdots + \gamma(\theta_A^{2^J l}) \right]}{2^J} \tag{3.4.10}$$

$$\phi_{(j,1)} = \phi\left(\frac{\theta_A - \theta_A^1}{\theta_s} \right) = \begin{cases} 1, & 0 \leqslant \dfrac{\theta_A - \theta_A^1}{\theta_s} < 1 \\ 0, & \text{其他} \end{cases} \tag{3.4.11}$$

$$\psi_{(J,l)} = \psi\left(2^{j-J}\frac{\theta_A - \theta_A^1}{\theta_s} - l + 1 \right) = \begin{cases} 1, & 0 \leqslant 2^{j-J}\dfrac{\theta_A - \theta_A^1}{\theta_s} - l + 1 < \dfrac{1}{2} \\ -1, & \dfrac{1}{2} \leqslant 2^{j-J}\dfrac{\theta_A - \theta_A^1}{\theta_s} - l + 1 < 1 \\ 0, & \text{其他} \end{cases} \tag{3.4.12}$$

将式(3.4.7)代入式(3.4.9)和式(3.4.10)，可得

$$a_{(j,1)} = \frac{\theta_2(\theta_A^1) + \theta_2(\theta_A^2) + \cdots + \theta_2(\theta_A^{2^j-1}) + \theta_2(\theta_A^{2^j})}{2^j} + K \tag{3.4.13}$$

$$d_{(J,l)} = \frac{\left[\theta_2(\theta_A^{2^J l - 2^J + 1}) + \cdots + \theta_2(\theta_A^{2^J l - 2^{J-1}}) \right] - \left[\theta_2(\theta_A^{2^J l - 2^{J-1} + 1}) + \cdots + \theta_2(\theta_A^{2^J l}) \right]}{2^J}$$

$$\tag{3.4.14}$$

对机构刚体转角对应的连杆转角(θ_2)进行 j 级 Db1 小波变换可得

$$\theta_2 = a'_{(j,1)}\phi_{(j,1)} + \sum_{J=1}^{j}\sum_{l=1}^{2^{j-J}}\left[d'_{(J,l)}\psi_{(J,l)} \right] \tag{3.4.15}$$

$$a'_{(j,1)} = \frac{\theta_2(\theta_A^1) + \theta_2(\theta_A^2) + \cdots + \theta_2(\theta_A^{2^j-1}) + \theta_2(\theta_A^{2^j})}{2^j} \tag{3.4.16}$$

$$d'_{(J,l)} = \frac{\left[\theta_2(\theta_A^{2^J l - 2^J + 1}) + \cdots + \theta_2(\theta_A^{2^J l - 2^{J-1}}) \right] - \left[\theta_2(\theta_A^{2^J l - 2^{J-1} + 1}) + \cdots + \theta_2(\theta_A^{2^J l}) \right]}{2^J}$$

$$\tag{3.4.17}$$

比较式(3.4.13)和式(3.4.16)，式(3.4.14)和式(3.4.17)可知，对于任意给定平面四杆机构，其刚体转角的小波细节系数与连杆转角的小波细节系数完全相等，小

波近似系数相差 K(由 L_P、L_Q、θ_P、θ_Q 和 θ_0 确定)，因此刚体转角输出的特征可由连杆转角的小波细节系数表示。例如，给定四杆机构的基本尺寸型为 $L_1 = 19$ mm，$L_2 = 72$ mm，$L_3 = 144$ mm，$L_4 = 165$ mm；机构安装位置参数为 $L_\beta = 10$ mm，$\beta = 45°$，$\theta_0 = 30°$；连杆上 P 点和 Q 点的位置参数为 $L_P = 20$ mm，$L_Q = 15$ mm，$\theta_P = 60°$，$\theta_Q = 36°$；机构的起始角为 $\theta'_1 = 30°$；输入构件相对起始角的最大转动角度为 $\theta_s = 70°$。对上述机构的刚体转角及连杆转角进行离散化采样，采样点数为 16 个。对采样点进行 4 级 Db1 小波变换，所得刚体转角和相应的连杆转角的小波系数如表 3.4.1 所示。由此可知，给定机构的刚体转角的小波细节系数与连杆转角的小波细节系数完全相同，小波近似系数相差 $K = -0.8012$。这证明了上述理论模型的正确性。

　　根据平面四杆机构刚体转角的这一特点，本书以平面四杆机构连杆转角的后 3 级小波细节系数为输出小波特征参数描述刚体转角。

表 3.4.1　　刚体转角和相应的连杆转角的小波系数

刚体转角	$a_{(4,1)}$	$d_{(4,1)}$	$d_{(3,1)}$	$d_{(3,2)}$	$d_{(2,1)}$	$d_{(2,2)}$	$d_{(2,3)}$	$d_{(2,4)}$
小波系数	0.2376	0.0825	0.0422	0.0383	0.0204	0.0215	0.0205	0.0177
连杆转角	$a'_{(4,1)}$	$d'_{(4,1)}$	$d'_{(3,1)}$	$d'_{(3,2)}$	$d'_{(2,1)}$	$d'_{(2,2)}$	$d'_{(2,3)}$	$d'_{(2,4)}$
小波系数	1.0388	0.0825	0.0422	0.0383	0.0204	0.0215	0.0205	0.0177

3.4.3　平面四杆机构非整周期刚体导引综合步骤

　　根据上述分析，我们利用平面四杆机构连杆转角可以描述平面四杆机构刚体转角的特征。由几何关系可知，机构连杆转角只与基本尺寸型有关。因此，结合 3.2.3 节建立的平面曲柄摇杆机构基本尺寸型数据库，我们建立包含 14 830 920 组平面曲柄摇杆机构连杆转角的动态自适应图谱库，利用模糊识别方法，通过比较给定设计要求的刚体转角输出小波特征参数与数据库中存储的连杆转角输出小波特征参数之间的误差，确定目标机构的基本尺寸型。进而，结合理论公式，计算目标机构实际尺寸及安装位置，实现平面四杆机构非整周期设计要求的刚体导引综合。平面四杆刚体导引综合流程图如图 3.4.2 所示。具体步骤如下。

　　① 根据给定设计要求，对目标刚体转角函数曲线的采样点进行小波变换，提取输出小波特征参数。

　　② 根据格拉斯霍夫准则，建立包含 14 830 920 组平面曲柄摇杆机构连杆转角的动态自适应图谱库。图谱库由基本尺寸型、起始角，以及对应的输出小波特征参数构成。

　　③ 将目标刚体转角函数曲线的输出小波特征参数与动态自适应图谱库中存储的输出小波特征参数进行比较，输出误差值最小的若干组目标机构基本尺寸型和起始角。图谱库以一定步长建立，所以数据库中存储的基本尺寸型和机构起始

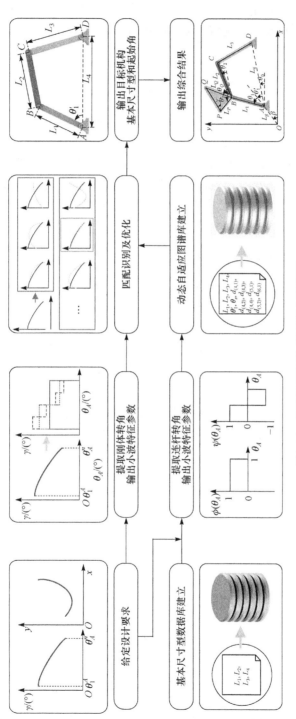

图3.4.2　平面四杆刚体导引综合流程图

角是离散的。因此，利用遗传算法对所得机构的基本尺寸型及起始角进行优化，在匹配识别结果附近搜索更优解。输出优化后的若干组目标机构基本尺寸型和起始角。误差函数为

$$\delta = \sum_{J=j-2}^{j} \sum_{l=1}^{2^{j-J}} \left[d_{(J,l)} - d'_{(J,l)} \right]^2 \tag{3.4.18}$$

式中，$d_{(J,l)}$ 为给定目标刚体转角函数曲线的输出小波特征参数；$d'_{(J,l)}$ 为动态自适应图谱库中存储的输出小波特征参数。

④ 根据步骤①～③可得目标机构的基本尺寸型，因此可将刚体导引综合问题转化为轨迹综合问题。根据给定设计条件中 P 点轨迹曲线的采样点坐标值，结合3.3.4 节建立的目标机构实际尺寸及安装位置理论公式，计算目标机构的实际尺寸及安装位置，最终实现平面四杆机构非整周期设计要求刚体导引综合。

3.4.4　平面四杆机构刚体导引综合算例

为验证上述理论方法的正确性，本算例以文献[15]给出的刚体运动要求作为设计条件，对平面四杆机构进行刚体导引综合。文献[15]中的目标刚体标线由如下参数方程给出，即

$$P_x = 40\cos\theta_1, \quad P_y = 45\sin\theta_1, \quad \gamma = 25\sin(\theta_1 / 2)$$

式中，$\theta_1 = k\pi/180$，$k = 1, 2, \cdots, 360$；γ 为刚体转角；P_x 和 P_y 为刚体上 P 点的采样点坐标值。

文献[15]利用傅里叶级数法对整周期设计要求的刚体导引综合问题进行求解，给定的刚体运动与综合生成的刚体运动的拟合图如图 3.4.3 所示。由于文献[15]

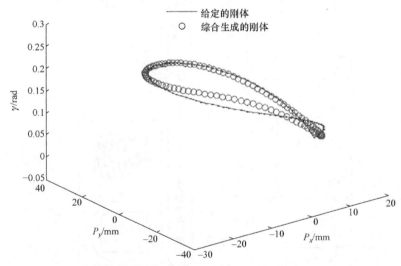

图 3.4.3　文献[15]给定的刚体运动与综合生成的刚体运动的拟合图

以弧度为单位，因此为方便描述给定设计要求及对比综合结果，本算例同样以弧度为单位。通过对图 3.4.3 的分析可知，当 $\theta_1 \in [22\pi/18, 34\pi/18]$ 时，拟合效果不是很理想。因此，根据 3.4.3 节提出的刚体导引综合步骤，对给定的刚体位置和转角进行小波分解，刚体位置和刚体转角的采样点列于表 3.4.2。刚体转角的输出小波特征参数如表 3.4.3 所示。利用模糊识别理论，模糊识别出的基本尺寸型及起始角如表 3.4.4 所示。表 3.4.5 为预定位置的小波系数。最后，根据给定的理论公式，将满足预定刚体运动的前 5 组机构的实际尺寸及安装位置参数算出并列于表 3.4.6～表 3.4.8。

表 3.4.2　刚体位置和刚体转角的采样点

序号	P_x/mm,P_y/mm,γ/rad	序号	P_x/mm,P_y/mm,γ/rad	序号	P_x/mm,P_y/mm,γ/rad
1	−30.64, −28.93, 0.4100	23	−5.63, −44.55, 0.3295	45	22.26, −37.39, 0.2055
2	−29.77, −30.06, 0.4075	24	−4.31, −44.74, 0.3247	46	23.35, −36.54, 0.1991
3	−28.87, −31.15, 0.4048	25	−2.99, −44.87, 0.3199	47	24.42, −35.64, 0.1926
4	−27.93, −32.21, 0.4021	26	−1.66, −44.96, 0.3149	48	25.46, −34.71, 0.1860
5	−26.96, −33.24, 0.3992	27	−0.33, −45.00, 0.3098	49	26.47, −33.74, 0.1795
6	−25.97, −34.23, 0.3962	28	1.00, −44.99, 0.3047	50	27.45, −32.73, 0.1728
7	−24.94, −35.18, 0.3931	29	2.33, −44.92, 0.2994	51	28.40, −31.69, 0.1661
8	−23.89, −36.10, 0.3899	30	3.65, −44.81, 0.2941	52	29.32, −30.61, 0.1594
9	−22.81, −36.97, 0.3866	31	4.97, −44.65, 0.2887	53	30.21, −29.49, 0.1526
10	−21.70, −37.80, 0.3832	32	6.29, −44.44, 0.2832	54	31.06, −28.35, 0.1458
11	−20.57, −38.59, 0.3797	33	7.60, −44.18, 0.2777	55	31.89, −27.17, 0.1390
12	−19.42, −39.34, 0.3760	34	8.90, −43.87, 0.2720	56	32.67, −25.96, 0.1321
13	−18.25, −40.44, 0.3723	35	10.19, −43.51, 0.2663	57	33.42, −24.73, 0.1251
14	−17.06, −40.70, 0.3685	36	11.47, −43.11, 0.2606	58	34.13, −23.46, 0.1182
15	−15.84, −41.32, 0.3646	37	12.74, −42.66, 0.2547	59	34.81, −22.18, 0.1112
16	−14.61, −41.89, 0.3605	38	14.00, −42.16, 0.2488	60	35.44, −20.86, 0.1042
17	−13.37, −42.41, 0.3564	39	15.23, −41.61, 0.2428	61	36.04, −19.52, 0.0971
18	−12.11, −42.89, 0.3521	40	16.45, −41.02, 0.2367	62	36.60, −18.17, 0.0900
19	−10.83, −43.32, 0.3478	41	17.65, −40.38, 0.2306	63	37.11, −16.79, 0.0829
20	−9.55, −43.70, 0.3434	42	18.84, −39.70, 0.2244	64	37.59, −15.39, 0.0758
21	−8.25, −44.03, 0.3389	43	20.00, −38.97, 0.2182		
22	−6.95, −44.32, 0.3342	44	21.14, −38.20, 0.2119		

表 3.4.3　刚体转角的输出小波特征参数

$a_{(6,1)}$	$d_{(6,1)}$	$d_{(5,1)}$	$d_{(5,2)}$	$d_{(4,1)}$	$d_{(4,2)}$	$d_{(4,3)}$	$d_{(4,4)}$
0.2674	0.0868	0.0329	0.0524	0.0132	0.0195	0.0245	0.0277

表 3.4.4　模糊识别出的基本尺寸型及起始角

序号	L_1	L_2	L_3	L_4	$\theta_1'/(°)$	$\delta\,(\times10^{-5})$
1	8	63	138	191	3	0.7700
2	9	69	132	190	1	0.7751
3	9	68	133	190	0	0.7862
4	8	62	139	191	2	0.8282
5	7	57	144	192	6	0.8467
6	7	56	145	192	5	0.8554
7	8	64	137	191	4	0.8862
8	9	70	131	190	2	0.9224
9	6	49	152	193	7	0.9340
10	6	50	151	193	8	0.9365

表 3.4.5　预定位置的小波系数

$a_{(6,1)}$	$d_{(6,1)}$	$d_{(5,1)}$	$d_{(5,2)}$
5.71 − 36.42i	−19.05 − 3.78i	−9.73 + 4.09i	−7.90 − 7.59i

$d_{(4,1)}$	$d_{(4,2)}$	$d_{(4,3)}$	$d_{(4,4)}$
−4.29 + 3.47i	−5.27 + 0.54i	−4.78 − 2.54i	−2.98 − 4.92i

表 3.4.6　实际尺寸及安装位置

序号	L_1/mm	L_2/mm	L_3/mm	L_4/mm	L_P/mm	L_β/mm	$\beta/(°)$	$\theta_0/(°)$	$\theta_P/(°)$
1	43.3940	341.7280	748.5471	1036.0326	21.4794	20.8415	60.3591	214.8511	0.1556
2	43.4093	332.8045	636.6695	916.4183	21.4949	20.8528	60.7005	216.8691	−1.0655
3	43.3707	327.6897	640.9225	915.6036	21.3508	20.7113	59.9465	217.8283	−3.1379
4	43.3553	336.0034	753.2980	1035.1073	21.3172	20.6814	59.6161	215.8119	−1.9255
5	43.4193	353.5570	893.1966	1190.9288	21.5294	20.8927	60.7855	211.8749	3.1722

表 3.4.7　第 1 组机构生成的刚体位置和刚体转角

序号	P_x/mm, P_y/mm, γ/rad	序号	P_x/mm, P_y/mm, γ/rad	序号	P_x/mm, P_y/mm, γ/rad
1	−30.64, −28.93, 0.4071	23	−5.62, −44.44, 0.3316	45	22.41, −37.46, 0.2033
2	−29.77, −30.04, 0.4053	24	−4.29, −44.63, 0.3266	46	23.50, −36.61, 0.1968
3	−28.87, −31.12, 0.4033	25	−2.96, −44.77, 0.3215	47	24.57, −35.72, 0.1903
4	−27.94, −32.16, 0.4012	26	−1.63, −44.87, 0.3164	48	25.61, −34.80, 0.1838
5	−26.98, −33.18, 0.3988	27	−0.29, −44.91, 0.3111	49	26.62, −33.83, 0.1772
6	−25.98, −34.15, 0.3963	28	1.05, −44.91, 0.3057	50	27.60, −32.82, 0.1706
7	−24.96, −35.10, 0.3937	29	2.38, −44.85, 0.3003	51	28.55, −31.78, 0.1641
8	−23.91, −36.00, 0.3909	30	3.71, −44.75, 0.2947	52	29.47, −30.70, 0.1575
9	−22.83, −36.86, 0.3879	31	5.04, −44.60, 0.2891	53	30.35, −29.59, 0.1509
10	−21.72, −37.69, 0.3848	32	6.37, −44.40, 0.2834	54	31.20, −28.44, 0.1443
11	−20.60, −38.47, 0.3815	33	7.68, −44.15, 0.2776	55	32.02, −27.26, 0.1377
12	−19.44, −39.22, 0.3781	34	8.99, −43.85, 0.2717	56	32.79, −26.05, 0.1312
13	−18.27, −40.92, 0.3745	35	10.29, −43.50, 0.2658	57	33.53, −24.81, 0.1246
14	−17.07, −40.57, 0.3708	36	11.58, −43.10, 0.2598	58	34.24, −23.55, 0.1181
15	−15.86, −41.19, 0.3670	37	12.85, −42.66, 0.2537	59	34.90, −22.25, 0.1116
16	−14.63, −41.76, 0.3630	38	14.11, −42.17, 0.2476	60	35.52, −20.93, 0.1051
17	−13.38, −42.28, 0.3589	39	15.35, −41.63, 0.2414	61	36.10, −19.59, 0.0987
18	−12.12, −42.76, 0.3546	40	16.58, −41.05, 0.2351	62	36.65, −18.22, 0.0923
19	−10.84, −43.19, 0.3503	41	17.79, −40.42, 0.2289	63	37.15, −16.83, 0.0860
20	−9.55, −43.57, 0.3458	42	18.98, −39.74, 0.2225	64	37.60, −15.42, 0.0797
21	−8.25, −43.91, 0.3411	43	20.14, −39.03, 0.2161		
22	−6.94, −44.20, 0.3364	44	21.29, −38.26, 0.2097		

表 3.4.8　第 2 组机构生成的刚体位置和刚体转角

序号	P_x/mm, P_y/mm, γ/rad	序号	P_x/mm, P_y/mm, γ/rad	序号	P_x/mm, P_y/mm, γ/rad
1	−30.64, −28.93, 0.4069	23	−5.62, −44.44, 0.3308	45	22.41, −37.46, 0.2026
2	−29.77, −30.04, 0.4051	24	−4.29, −44.63, 0.3258	46	23.50, −36.61, 0.1962
3	−28.87, −31.12, 0.4031	25	−2.96, −44.77, 0.3208	47	24.57, −35.72, 0.1897
4	−27.94, −32.17, 0.4009	26	−1.63, −44.87, 0.3156	48	25.61, −34.80, 0.1832
5	−26.98, −33.18, 0.3986	27	−0.29, −44.91, 0.3103	49	26.62, −33.83, 0.1767
6	−25.98, −34.16, 0.3961	28	1.04, −44.91, 0.3049	50	27.60, −32.82, 0.1701
7	−24.96, −35.10, 0.3934	29	2.38, −44.85, 0.2995	51	28.55, −31.78, 0.1636
8	−23.91, −36.00, 0.3905	30	3.71, −44.75, 0.2939	52	29.47, −30.70, 0.1570
9	−22.83, −36.86, 0.3876	31	5.04, −44.60, 0.2883	53	30.36, −29.59, 0.1505
10	−21.72, −37.69, 0.3844	32	6.37, −44.40, 0.2825	54	31.20, −28.45, 0.1439
11	−20.60, −38.47, 0.3811	33	7.68, −44.15, 0.2768	55	32.02, −27.27, 0.1374
12	−19.44, −39.22, 0.3777	34	8.99, −43.85, 0.2709	56	32.80, −26.06, 0.1308
13	−18.27, −40.92, 0.3741	35	10.29, −43.50, 0.2650	57	33.54, −24.82, 0.1243
14	−17.07, −40.57, 0.3703	36	11.58, −43.10, 0.2590	58	34.24, −23.55, 0.1178

序号	P_x/mm,P_y/mm,γ/rad	序号	P_x/mm,P_y/mm,γ/rad	序号	P_x/mm,P_y/mm,γ/rad
15	−15.86, −41.19, 0.3664	37	12.85, −42.66, 0.2529	59	34.90, −22.25, 0.1113
16	−14.63, −41.76, 0.3624	38	14.11, −42.17, 0.2468	60	35.52, −20.93, 0.1048
17	−13.38, −42.28, 0.3583	39	15.35, −41.63, 0.2406	61	36.11, −19.59, 0.0984
18	−12.12, −42.76, 0.3540	40	16.58, −41.05, 0.2344	62	36.65, −18.22, 0.0920
19	−10.84, −43.19, 0.3496	41	17.79, −40.42, 0.2281	63	37.15, −16.83, 0.0857
20	−9.55, −43.57, 0.3451	42	18.98, −39.75, 0.2218	64	37.60, −15.43, 0.0794
21	−8.25, −43.91, 0.3404	43	20.14, −39.03, 0.2155		
22	−6.94, −44.20, 0.3357	44	21.29, −38.26, 0.2091		

图 3.4.4 为综合结果中第 1 组和第 2 组机构生成的刚体运动和给定的刚体运

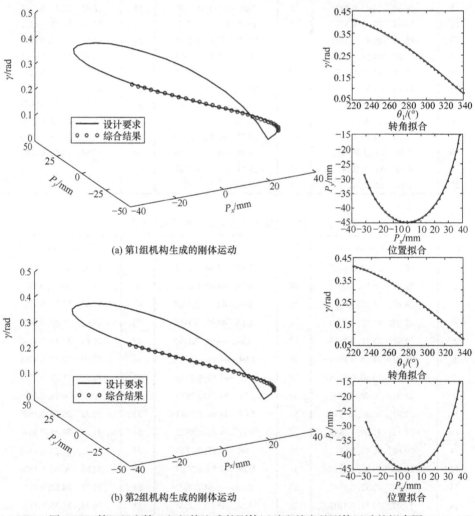

(a) 第1组机构生成的刚体运动

(b) 第2组机构生成的刚体运动

图 3.4.4　第 1 组和第 2 组机构生成的刚体运动和给定的刚体运动的拟合图

动的拟合图。第 1 组机构的刚体转角最大误差为 0.0039 rad，最大的误差百分比为 1.1667%。第 1 组机构刚体位置的横纵坐标最大的误差分别为 0.1524 mm 和 0.1336 mm，相应的最大误差百分比为 0.2234%和 0.9867%。第 2 组机构的刚体转角最大误差为 0.0036rad，最大误差百分比为 1.0769%。第 2 组机构的刚体位置的横纵坐标最大的误差分别为 0.1546 mm 和 0.1326 mm，相应的最大误差百分比为 0.2266%和 0.9793%。图 3.4.5 和图 3.4.6 分别为第 1 组和第 2 组机构的刚体转角误差和刚体位置误差。比较图 3.4.3 和图 3.4.4 可知，利用本书提出的平面四杆非整周期刚体导引综合方法得到曲线拟合效果更优。

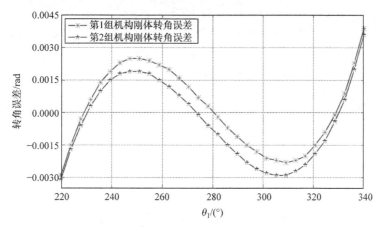

图 3.4.5　第 1 组和第 2 组机构的刚体转角误差

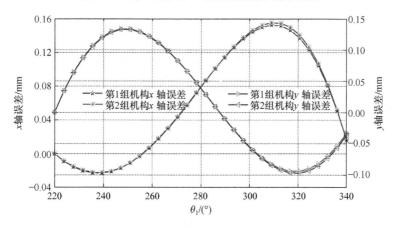

图 3.4.6　第 1 组和第 2 组机构的刚体位置误差

利用 CATIA V5R20 软件对第 1 组和第 2 组综合结果进行装配，并利用仿真模块对装配模型进行运动仿真分析。图 3.4.7 为第 1 组机构的实际尺寸及安装位置。

图 3.4.8 为第 1 组机构刚体转角输出曲线。图 3.4.9 和图 3.4.10 分别为第 1 组机构刚体位置输出横坐标和纵坐标。第 1 组机构生成的刚体位置和刚体转角的仿真结果如表 3.4.9 所示。

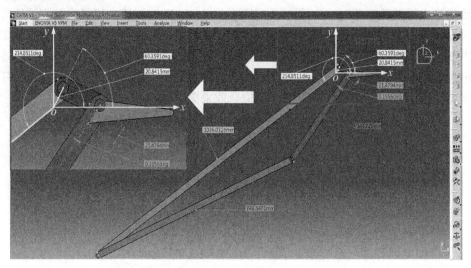

图 3.4.7　第 1 组机构的实际尺寸及安装位置

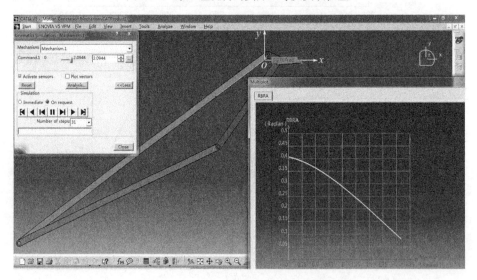

图 3.4.8　第 1 组机构刚体转角输出曲线

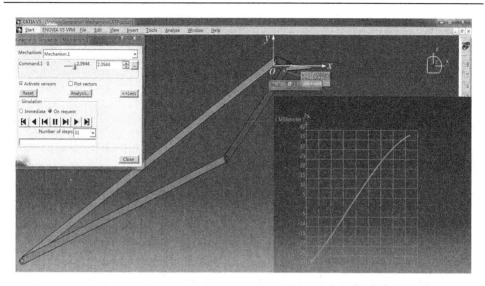

图 3.4.9 第 1 组机构刚体位置输出横坐标

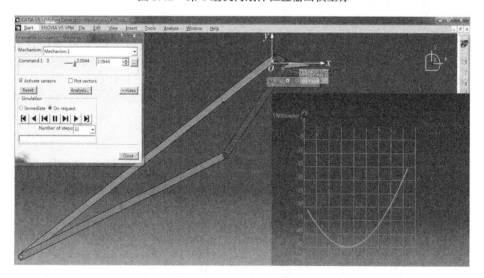

图 3.4.10 第 1 组机构刚体位置输出纵坐标

表 3.4.9 第 1 组机构生成的刚体位置和刚体转角的仿真结果

序号	P_x/mm,P_y/mm,γ/rad	序号	P_x/mm,P_y/mm,γ/rad	序号	P_x/mm,P_y/mm,γ/rad
1	−30.64, −28.93, 0.4071	23	−5.62, −44.44, 0.3316	45	22.41, −37.46, 0.2033
2	−29.77, −30.04, 0.4053	24	−4.29, −44.63, 0.3266	46	23.50, −36.61, 0.1968
3	−28.87, −31.12, 0.4033	25	−2.96, −44.77, 0.3215	47	24.57, −35.72, 0.1903
4	−27.94, −32.16, 0.4012	26	−1.63, −44.87, 0.3164	48	25.61, −34.80, 0.1838
5	−26.98, −33.18, 0.3988	27	−0.29, −44.91, 0.3111	49	26.62, −33.83, 0.1772

序号	P_x/mm,P_y/mm,γ/rad	序号	P_x/mm,P_y/mm,γ/rad	序号	P_x/mm,P_y/mm,γ/rad
6	−25.98, −34.15, 0.3963	28	1.05, −44.91, 0.3057	50	27.60, −32.82, 0.1706
7	−24.96, −35.10, 0.3937	29	2.38, −44.85, 0.3003	51	28.55, −31.78, 0.1641
8	−23.91, −36.00, 0.3909	30	3.71, −44.75, 0.2947	52	29.47, −30.70, 0.1575
9	−22.83, −36.86, 0.3879	31	5.04, −44.60, 0.2891	53	30.35, −29.59, 0.1509
10	−21.72, −37.69, 0.3848	32	6.37, −44.40, 0.2834	54	31.20, −28.44, 0.1443
11	−20.60, −38.47, 0.3815	33	7.68, −44.15, 0.2776	55	32.02, −27.26, 0.1377
12	−19.44, −39.22, 0.3781	34	8.99, −43.85, 0.2717	56	32.79, −26.05, 0.1312
13	−18.27, −40.92, 0.3745	35	10.29, −43.50, 0.2658	57	33.53, −24.81, 0.1246
14	−17.07, −40.57, 0.3708	36	11.58, −43.10, 0.2598	58	34.24, −23.55, 0.1181
15	−15.86, −41.19, 0.3670	37	12.85, −42.66, 0.2537	59	34.90, −22.25, 0.1116
16	−14.63, −41.76, 0.3630	38	14.11, −42.17, 0.2476	60	35.52, −20.93, 0.1051
17	−13.38, −42.28, 0.3589	39	15.35, −41.63, 0.2414	61	36.10, −19.59, 0.0987
18	−12.12, −42.76, 0.3546	40	16.58, −41.05, 0.2351	62	36.65, −18.22, 0.0923
19	−10.84, −43.19, 0.3503	41	17.79, −40.42, 0.2289	63	37.15, −16.83, 0.0860
20	−9.55, −43.57, 0.3458	42	18.98, −39.74, 0.2225	64	37.60, −15.42, 0.0797
21	−8.25, −43.91, 0.3411	43	20.14, −39.03, 0.2161		
22	−6.94, −44.20, 0.3364	44	21.29, −38.26, 0.2097		

图 3.4.11 为第 2 组机构的实际尺寸及安装位置。图 3.4.12 为第 2 组机构刚体转角输出曲线。图 3.4.13 和图 3.4.14 分别为第 2 组机构刚体位置输出横坐标和纵

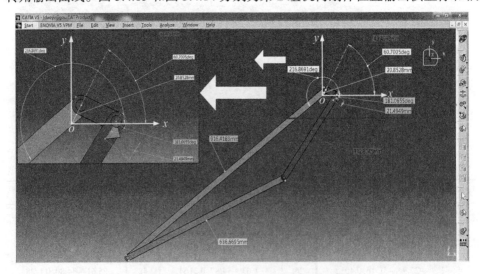

图 3.4.11 第 2 组机构的实际尺寸及安装位置

坐标。第 2 组机构生成的刚体位置和刚体转角的仿真结果如表 3.4.10 所示。通过比较表 3.4.9 和表 3.4.10 中第 1 组和第 2 组目标机构仿真模型输出刚体转角和刚体位置的参数，以及表 3.4.7 和表 3.4.8 中利用 MATLAB 软件计算得出的目标机构输出刚体转角和刚体位置参数可知，理论计算结果与仿真模型所得参数完全一致，证明了输出小波特征参数法的理论模型的正确性和有效性。

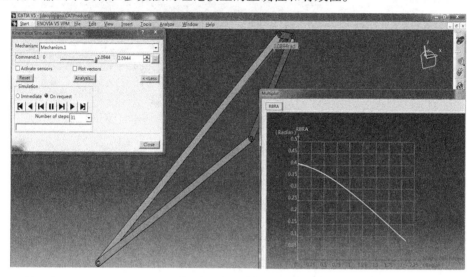

图 3.4.12　第 2 组机构刚体转角输出曲线

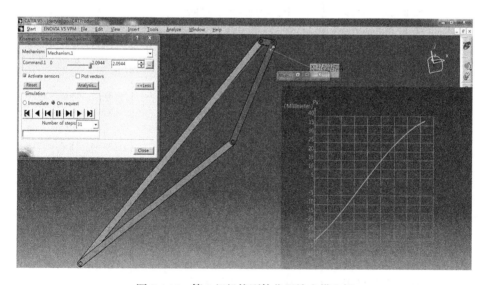

图 3.4.13　第 2 组机构刚体位置输出横坐标

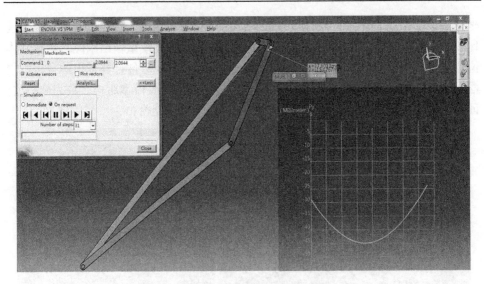

图 3.4.14　第 2 组机构刚体位置输出纵坐标

表 3.4.10　第 2 组机构生成的刚体位置和刚体转角的 DMU 仿真结果

序号	P_x/mm,P_y/mm,γ/rad	序号	P_x/mm,P_y/mm,γ/rad	序号	P_x/mm,P_y/mm,γ/rad
1	−30.64, −28.93, 0.4069	23	−5.62, −44.44, 0.3308	45	22.41, −37.46, 0.2026
2	−29.77, −30.04, 0.4051	24	−4.29, −44.63, 0.3258	46	23.50, −36.61, 0.1962
3	−28.87, −31.12, 0.4031	25	−2.96, −44.77, 0.3208	47	24.57, −35.72, 0.1897
4	−27.94, −32.17, 0.4009	26	−1.63, −44.87, 0.3156	48	25.61, −34.80, 0.1832
5	−26.98, −33.18, 0.3986	27	−0.29, −44.91, 0.3103	49	26.62, −33.83, 0.1767
6	−25.98, −34.16, 0.3961	28	1.04, −44.91, 0.3049	50	27.60, −32.82, 0.1701
7	−24.96, −35.10, 0.3934	29	2.38, −44.85, 0.2995	51	28.55, −31.78, 0.1636
8	−23.91, −36.00, 0.3905	30	3.71, −44.75, 0.2939	52	29.47, −30.70, 0.1570
9	−22.83, −36.86, 0.3876	31	5.04, −44.60, 0.2883	53	30.36, −29.59, 0.1505
10	−21.72, −37.69, 0.3844	32	6.37, −44.40, 0.2825	54	31.20, −28.45, 0.1439
11	−20.60, −38.47, 0.3811	33	7.68, −44.15, 0.2768	55	32.02, −27.27, 0.1374
12	−19.44, −39.22, 0.3777	34	8.99, −43.85, 0.2709	56	32.80, −26.06, 0.1308
13	−18.27, −40.92, 0.3741	35	10.29, −43.50, 0.2650	57	33.54, −24.82, 0.1243
14	−17.07, −40.57, 0.3703	36	11.58, −43.10, 0.2590	58	34.24, −23.55, 0.1178
15	−15.86, −41.19, 0.3664	37	12.85, −42.66, 0.2529	59	34.90, −22.25, 0.1113
16	−14.63, −41.76, 0.3624	38	14.11, −42.17, 0.2468	60	35.52, −20.93, 0.1048
17	−13.38, −42.28, 0.3583	39	15.35, −41.63, 0.2406	61	36.11, −19.59, 0.0984
18	−12.12, −42.76, 0.3540	40	16.58, −41.05, 0.2344	62	36.65, −18.22, 0.0920
19	−10.84, −43.19, 0.3496	41	17.79, −40.42, 0.2281	63	37.15, −16.83, 0.0857
20	−9.55, −43.57, 0.3451	42	18.98, −39.75, 0.2218	64	37.60, −15.43, 0.0794
21	−8.25, −43.91, 0.3404	43	20.14, −39.03, 0.2155		
22	−6.94, −44.20, 0.3357	44	21.29, −38.26, 0.2091		

参 考 文 献

[1] Liu W R, Sun J W, Zhang B C, et al. Wavelet feature parameters representations of open planar curves. Applied Mathematical Modelling, 2018, 57:614-624.

[2] Liu W R, Sun J W, Chu J K. Synthesis of a spatial RRSS mechanism for path generation using the numerical atlas method. Journal of Mechanical Design,2020, 142(1): 12303.

[3] Liu W R, Sun J W, Zhang B C, et al. A novel synthesis method for nonperiodic function generation of an RCCC mechanism. Journal of Mechanisms and Robotics, 2018, 10(3):34502.

[4] Sun J W, Liu W R, Chu J K. Synthesis of spherical four-bar linkage for open path generation using wavelet feature parameters. Mechanism and Machine Theory, 2018, 128:33-46.

[5] Sun J W, Liu W R, Chu J K. Dimensional synthesis of open path generator of four-bar mechanisms using the Haar wavelet. Journal of Mechanical Design, 2015, 137(8):1027-1035.

[6] Sun J W, Liu W R, Chu J K. Synthesis of a non-integer periodic function generator of a four-bar mechanism using a Haar wavelet. Inverse Problems in Science and Engineering, 2016, 24(5):763-784.

[7] Sun J W, Wang P, Liu W R, et al. Non-integer-period motion generation of a planar four-bar mechanism using wavelet series. Mechanism and Machine Theory, 2018, 121:28-41.

[8] Sun J W, Wang P, Liu W R, et al. Synthesis of multiple tasks of a planar six-bar mechanism by wavelet series. Inverse Problems in Science and Engineering, 2019, 27(3):388-406.

[9] 刘文瑞, 孙建伟, 褚金奎. 基于小波特征参数的平面四杆机构轨迹综合方法. 机械工程学报, 2019, 55(9): 18-28.

[10] 王德伦, 王淑芬, 李涛. 平面四杆机构近似运动综合的自适应方法. 机械工程学报, 2001, (12):21-26.

[11] 陈放, 李欣玲, 余霞, 等. 平面轨迹机构时变可靠性分析的联合概率方法. 机械工程学报, 2017, 53(15):119-124.

[12] Alizade R I, Kilit Ö. Analytical synthesis of function generating spherical four-bar mechanism for the five precision points. Mechanism and Machine Theory, 2005, 40:863-878.

[13] 褚金奎, 王立鼎, 吴琛. 四杆机构轨迹特性与机构尺寸型关系研究. 中国科学：E 辑, 2004, (7):753-762.

[14] Wu J, Ge Q J, Gao F, et al. On the extension of a Fourier descriptor based method for planar four-bar linkage synthesis for generation of open and closed paths. Journal of Mechanisms and Robotics, 2011, 3(3):31002.

[15] Li X Y, Wu J, Ge Q J. A Fourier descriptor-based approach to design space decomposition for planar motion approximation. Journal of Mechanisms and Robotics, 2016, 8(6):64501.

第四章 平面五杆机构和平面六杆机构非整周期设计要求尺度综合

4.1 概　　述

相比平面四杆机构，平面五杆机构和平面多环机构的输出更为丰富，在机器人、医疗、航空等领域应用广泛。尤其是在多任务要求的实际工程中起着非常重要的作用。国内外众多从事相关研究的学者已经提出多种方法实现平面五杆机构和平面多环机构的尺度综合[1-11]。其中精确点法的研究最为系统。精确点法进行连杆机构尺度综合有两个关键问题：一是根据给定精确位置建立方程组或建立目标函数；二是对建立的方程组进行求解或根据目标函数选用合适的优化算法进行优化。精确点法可以很好地对有限位置的连杆机构尺度综合问题进行求解，但受给定设计要求的位置数不能超过建立方程数目的限制，给定设计条件的精确位置数一般不超过 9 个。因此，对于实际工程中多位置、大范围、多工况等情况，使用精确点法进行求解往往比较困难。

本章基于输出小波特征参数法求解平面四杆机构尺度综合的研究思路，借助小波变换理论，提出平面五杆机构和平面多环机构多位置、非整周期尺度综合方法，给出平面五杆机构及平面多环机构的输出小波特征参数提取方法，建立机构尺寸型数据库。根据机构输出小波特征参数的特点，利用多维搜索树，对各相对转动区间内的机构尺寸型进行分区，建立平面五杆机构和平面多环机构输出曲线的动态自适应图谱库。根据小波系数之间的关系，推导计算目标机构实际尺寸及安装位置的理论公式，实现平面五杆机构和平面多环机构的非整周期尺度综合问题的求解。

与基于 B 样条曲线的尺度综合方法相比，输出小波特征参数法的匹配识别参数更少，从而减少图谱库中的数据冗余，增加图谱库中涵盖的机构尺寸型数量，提高综合精度。与基于傅里叶级数的尺度综合方法相比，输出小波特征参数法对非整周期输出曲线的描述更加准确，可以弥补傅里叶级数法无法对特定相对转动区间进行尺度综合的不足。

4.2　平面五杆机构非整周期设计要求轨迹综合

4.2.1　平面五杆机构输出轨迹曲线的数学模型

图 4.2.1 为标准安装位置平面五杆机构示意图，其中 AB、DE 为输入构件，BC、CD 为连杆，AE 为机架。AB、BC、CD、DE 和 AE 的长度分别为 L_1、L_2、L_3、L_4 和 L_5。P 为连杆 BC 上任意一点，L_P 为 BP 的长度，θ_P 为 BP 与连杆 BC 之间的夹角。θ_1' 为输入构件 AB 的起始角，θ_1 为输入构件 AB 的输入角，θ_3' 为输入构件 DE 的起始角，θ_3 为输入角，θ_2 为连杆 BC 的转角。机构的传动比为 $\omega_2{:}\omega_1$，定义此传动比为 R。θ_1 和 θ_3 可分别表示 $\theta_1(t)=\omega_1 t$ 和 $\theta_3(t)=\omega_2 t$。Oxy 为固定坐标系，其中坐标原点 O 与 A 点重合，x 轴与 AE 重合。标准安装位置的平面五杆机构连杆任意一点 P 的坐标可以表示为

$$x(\theta_A)=L_1\cos\theta_A+L_P\cos(\theta_2+\theta_P) \tag{4.2.1}$$

$$y(\theta_A)=L_1\sin\theta_A+L_P\sin(\theta_2+\theta_P) \tag{4.2.2}$$

式中，θ_A 为输入构件 AB 转角（$\theta_A=\theta_1'+\theta_1$）。

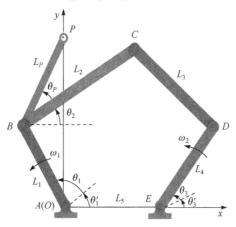

图 4.2.1　标准安装位置平面四杆机构示意图

根据几何关系，连杆转角 θ_2 为

$$\theta_2=\arctan\left(\frac{a\sin b+\sqrt{L_2^{\,2}-a^2}\cos b}{a\cos b-\sqrt{L_2^{\,2}-a^2}\sin b}\right) \tag{4.2.3}$$

式中

$$a = \frac{L_2^2 - L_3^2 + (L_1\cos\theta_A + L_5 - L_4\cos\theta_B)^2 + (L_4\sin\theta_B - L_1\sin\theta_A)^2}{2\sqrt{(L_1\cos\theta_A + L_5 - L_4\cos\theta_B)^2 + (L_4\sin\theta_B - L_1\sin\theta_A)^2}}$$

$$b = \arctan\left(\frac{L_4\sin\theta_B - L_1\sin\theta_A}{L_1\cos\theta_A + L_5 - L_4\cos\theta_B}\right)$$

式中，θ_B 为输入构件 DE 转角（$\theta_B = \theta_3' + \theta_3$）。

令 Oxy 为复平面，x 为实轴，y 为虚轴，i 为虚数单位。在复平面上，P 点轨迹曲线可以表示为

$$\boldsymbol{P}(\theta_A) = L_1 e^{i\theta_A} + L_P e^{i(\theta_2 + \theta_P)} \tag{4.2.4}$$

一般安装位置平面五杆机构示意图如图 4.2.2 所示。机架 AE 与 x 轴的夹角为 θ_0，坐标原点 O 与点 A 之间的距离为 L_β，OA 与 x 轴的夹角为 β。轨迹曲线可以表示为

$$\boldsymbol{P}(\theta_A) = L_\beta e^{i\beta} + L_1 e^{i(\theta_0 + \theta_A)} + L_P e^{i(\theta_0 + \theta_2 + \theta_P)} \tag{4.2.5}$$

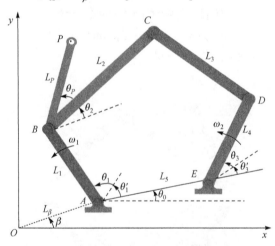

图 4.2.2　一般安装位置平面五杆机构示意图

对轨迹曲线进行离散化采样，采样点数为 $2^j + 1$，根据式(4.2.5)，平面五杆机构连杆轨迹曲线的第 m 个采样点可以表示为

$$\boldsymbol{P}(\theta_A^m) = L_\beta e^{i\beta} + L_1 e^{i(\theta_0 + \theta_A^m)} + L_P e^{i(\theta_0 + \theta_2^m + \theta_P)}, \quad m = 1, 2, \cdots, 2^j + 1 \tag{4.2.6}$$

式中，$\theta_A^m = \theta_1' + \theta_1^m$，$\theta_1^m$ 为第 m 个采样点对应的输入角；θ_2^m 为第 m 个采样点对应的连杆转角。

由式(4.2.6)可知，五杆机构输出轨迹曲线函数包括 L_1、L_2、L_3、L_4、L_5、θ_3'、R、L_β、β、θ_P、L_P、θ_0、θ_s 和 θ_1'。本章将上述参数定义为五杆机构输出轨迹

参数。若将此 14 维参数全部作为机构尺寸型与其对应的小波系数直接存储在一起，建立输出特征参数数据库，会造成数据库数据量过于庞大、机构基本尺寸型冗余、匹配识别时间长，以及综合效率低等问题。针对这一问题，本书采用预处理和小波变换方法，消除 P 点的位置参数、机架的位置参数，以及杆长等比例放缩对轨迹曲线特征参数的影响。通过小波变换提取机构连杆轨迹曲线的小波特征参数，在未减少机构尺寸型的前提下，达到剔除数据库中重复尺寸型的目的。

预处理过程与 3.3.1 节平面四杆机构连杆轨迹曲线的预处理相似,平面五杆机构的预处理过程如下。

对采样点对应的矢量进行预处理，即将所有采样点对应的矢量绕坐标原点逆时针旋转 $\Delta\theta(\Delta\theta = \theta_s/2^j$, θ_s 为输入构件相对起始角的最大转动角度)，再用原曲线上第 $n+1$ 个采样点对应的矢量减去旋转变换后的第 n 个采样点对应的矢量($n = 1$, 2, $\cdots$, 2^j)。

所得的矢量可以表示为

$$\boldsymbol{E}\left(\theta_A^n\right) = \boldsymbol{P}\left(\theta_A^{n+1}\right) - \mathrm{e}^{\mathrm{i}\Delta\theta}\boldsymbol{P}\left(\theta_A^n\right) \tag{4.2.7}$$

将式(4.2.6)代入式(4.2.7)，可得

$$\begin{aligned}\boldsymbol{E}\left(\theta_A^n\right) &= L_\beta\,\mathrm{e}^{\mathrm{i}\beta} + L_1\,\mathrm{e}^{\mathrm{i}\left(\theta_0+\theta_A^{n+1}\right)} + L_P\,\mathrm{e}^{\mathrm{i}\left(\theta_0+\theta_2^{n+1}+\theta_P\right)}\\ &\quad - \mathrm{e}^{\mathrm{i}\Delta\theta}\left[L_\beta\,\mathrm{e}^{\mathrm{i}\beta} + L_1\,\mathrm{e}^{\mathrm{i}\left(\theta_0+\theta_A^n\right)} + L_P\,\mathrm{e}^{\mathrm{i}\left(\theta_0+\theta_2^n+\theta_P\right)}\right]\end{aligned} \tag{4.2.8}$$

根据输入构件转角关系可知，$\theta_A^{n+1} = \theta_A^n + \Delta\theta$。因此，式(4.2.8)可以表示为

$$\boldsymbol{E}\left(\theta_A^n\right) = L_\beta\,\mathrm{e}^{\mathrm{i}\beta}\left(1 - \mathrm{e}^{\mathrm{i}\Delta\theta}\right) + L_P\,\mathrm{e}^{\mathrm{i}\left(\theta_0+\theta_P\right)}\,\boldsymbol{r}^n \tag{4.2.9}$$

式中，$\boldsymbol{r}^n = \mathrm{e}^{\mathrm{i}\theta_2^{n+1}} - \mathrm{e}^{\mathrm{i}\left(\theta_2^n+\Delta\theta\right)}$。

我们定义预处理后可得的矢量 $\boldsymbol{E}\left(\theta_A^n\right)$ 为曲线特征矢量，由于曲线特征矢量可以描述五杆机构输出轨迹曲线的特点，同时可以为利用输出小波特征参数消除机构安装位置及连杆上 P 点位置变化对输出轨迹特征参数产生的影响提供理论基础，因此在不影响匹配精度的基础上，可以减小数值图谱库冗余，进而提高综合精度和匹配效率。

4.2.2　平面五杆机构输出曲线的小波分析

由式(4.2.9)可知，任意五杆机构轨迹曲线可以用一组曲线特征矢量 $\boldsymbol{E}\left(\theta_A^1\right)$，$\boldsymbol{E}\left(\theta_A^2\right)$，$\cdots$，$\boldsymbol{E}\left(\theta_A^{2^j-1}\right)$，$\boldsymbol{E}\left(\theta_A^{2^j}\right)$ 表示。根据小波变换理论，利用 Db1 小波对曲

线特征矢量进行小波分解。五杆机构连杆轨迹曲线的 j 级小波分解为

$$E(\theta_A) = a_{(j,1)}\phi_{(j,1)} + \sum_{J=1}^{j}\sum_{l=1}^{2^{j-J}}\left[d_{(J,l)}\psi_{(J,l)}\right] \tag{4.2.10}$$

$$a_{(j,1)} = \frac{E(\theta_A^1) + E(\theta_A^2) + \cdots + E(\theta_A^{2^j-1}) + E(\theta_A^{2^j})}{2^j} \tag{4.2.11}$$

$$d_{(J,l)} = \frac{E(\theta_A^{2^J l-2^J+1}) + \cdots + E(\theta_A^{2^J l-2^{J-1}})}{2^J} - \frac{E(\theta_A^{2^J l-2^{J-1}+1}) + \cdots + E(\theta_A^{2^J l})}{2^J} \tag{4.2.12}$$

式中，$J = 2, 3, \cdots, j$；$a_{(j,1)}$ 为平面五杆机构连杆轨迹曲线的 j 级小波近似系数；$d_{(J,l)}$ 为 J 级小波细节系数；ϕ 为尺度函数；ψ 为小波函数。

Db1 小波的尺度函数和小波函数表示为

$$\phi_{(j,1)} = \phi\left(\frac{\theta_A - \theta_A^1}{\theta_s}\right) = \begin{cases} 1, & 0 \leqslant \dfrac{\theta_A - \theta_A^1}{\theta_s} < 1 \\ 0, & \text{其他} \end{cases} \tag{4.2.13}$$

$$\psi_{(J,l)} = \psi\left(2^{j-J}\frac{\theta_A - \theta_A^1}{\theta_s} - l + 1\right) = \begin{cases} 1, & 0 \leqslant 2^{j-J}\dfrac{\theta_A - \theta_A^1}{\theta_s} - l + 1 < \dfrac{1}{2} \\ -1, & \dfrac{1}{2} \leqslant 2^{j-J}\dfrac{\theta_A - \theta_A^1}{\theta_s} - l + 1 < 1 \\ 0, & \text{其他} \end{cases} \tag{4.2.14}$$

式中，$l = 1, 2, \cdots, 2^{j-1}$。

将式(4.2.9)代入式(4.2.11)和式(4.2.12)，可得

$$a_{(j,1)} = L_\beta e^{i\beta}(1 - e^{i\Delta\theta}) + L_P e^{i(\theta_P+\theta_0)}\frac{r^1 + r^2 + \cdots + r^{2^j}}{2^j} \tag{4.2.15}$$

$$d_{(J,l)} = L_P e^{i(\theta_P+\theta_0)}\left(\frac{r^{2^J l-2^J+1} + \cdots + r^{2^J l-2^{J-1}}}{2^J} - \frac{r^{2^J l-2^{J-1}+1} + \cdots + r^{2^J l}}{2^J}\right)$$

$$\tag{4.2.16}$$

根据 2.3.2 节提出的归一化处理方法，对平面五杆机构轨迹曲线的小波细节系数进行处理，即所有小波细节系数除以 j 级小波细节系数 $d_{(j,1)}$（$d_{(j,1)} \neq 0$），可得平面五杆机构连杆轨迹曲线的小波标准化参数，即

$$\begin{aligned}
\boldsymbol{b}_{(J,l)} &= \frac{\boldsymbol{d}_{(J,l)}}{\boldsymbol{d}_{(j,1)}} \\
&= 2^{j-J}\left[\frac{\boldsymbol{r}^{2^J l-2^J+1}+\cdots+\boldsymbol{r}^{2^J l-2^{J-1}}}{(\boldsymbol{r}^1+\cdots+\boldsymbol{r}^{2^{j-1}})-(\boldsymbol{r}^{2^{j-1}+1}+\cdots+\boldsymbol{r}^{2^j})}\right. \\
&\quad\left.-\frac{\boldsymbol{r}^{2^J l-2^{J-1}+1}+\cdots+\boldsymbol{r}^{2^J l}}{(\boldsymbol{r}^1+\cdots+\boldsymbol{r}^{2^{j-1}})-(\boldsymbol{r}^{2^{j-1}+1}+\cdots+\boldsymbol{r}^{2^j})}\right]
\end{aligned} \tag{4.2.17}$$

将给定平面五杆机构的各杆长等比例缩放，并将机构的机架安装位置参数 $(L_\beta$、β 和 $\theta_0)$，以及连杆上 P 点的位置参数 $(L_P$ 和 $\theta_P)$ 进行改变，变化后的平面五杆输出轨迹参数为

$$L_1''、L_2''、L_3''、L_4''、L_5''、\theta_3'、R、L_\beta''、\beta''、\theta_P''、L_P''、\theta_0''、\theta_s、\theta_1'$$

根据式(4.2.16)，经上述变化后，得到的平面五杆机构的连杆轨迹曲线小波细节系数可以表示为

$$\boldsymbol{d}_{(J,l)}''=L_P''\mathrm{e}^{\mathrm{i}(\theta_P''+\theta_0'')}\left(\frac{\boldsymbol{r}^{2^J l-2^J+1}+\cdots+\boldsymbol{r}^{2^J l-2^{J-1}}}{2^J}-\frac{\boldsymbol{r}^{2^J l-2^{J-1}+1}+\cdots+\boldsymbol{r}^{2^J l}}{2^J}\right) \tag{4.2.18}$$

根据式(4.2.17)，小波标准化参数可以表示为

$$\boldsymbol{b}_{(J,l)}''=2^{j-J}\left(\frac{\boldsymbol{r}^{2^J l-2^J+1}+\cdots+\boldsymbol{r}^{2^J l-2^{J-1}}}{(\boldsymbol{r}^1+\cdots+\boldsymbol{r}^{2^{j-1}})-(\boldsymbol{r}^{2^{j-1}+1}+\cdots+\boldsymbol{r}^{2^j})}-\frac{\boldsymbol{r}^{2^J l-2^{J-1}+1}+\cdots+\boldsymbol{r}^{2^J l}}{(\boldsymbol{r}^1+\cdots+\boldsymbol{r}^{2^{j-1}})-(\boldsymbol{r}^{2^{j-1}+1}+\cdots+\boldsymbol{r}^{2^j})}\right)$$
$$\tag{4.2.19}$$

根据式(4.2.17)和式(4.2.19)，机构整体放缩，机架安装位置及连杆 P 点位置参数变化前后，五杆机构连杆轨迹曲线的小波标准化参数相同，证明 P 点的位置参数，机架的平移、旋转，杆长等比例缩放均不影响归一化后的小波细节系数。因此，本章定义 L_1、L_2、L_3、L_4、L_5、θ_1'、θ_3'、θ_s 为平面五杆机构的特征尺寸型。利用特征尺寸型描述连杆轨迹曲线的特点可以消除轨迹参数改变对小波标准化参数的影响。

例如，表 4.2.1 所示的 3 组给定机构连杆轨迹曲线的小波标准化参数。

表 4.2.1　3 组给定机构连杆轨迹曲线的小波标准化参数

	第 1 组机构	第 2 组机构	第 3 组机构
小波标准化参数	L_1=35mm, L_2=128mm, L_3=122mm, L_4=23mm, L_5=92mm, L_P=350mm, L_β=200mm, θ_3'=100°, θ_P=40°, β=30°, θ_0=20°, θ_1'=253°, θ_s=103°	L_1=35mm, L_2=128mm, L_3=122mm, L_4=23mm, L_5=92mm, L_P=150mm, L_β=120mm, θ_3'=100°, θ_P=20°, β=70°, θ_0=40°, θ_1'=253°, θ_s=103°	L_1=35mm, L_2=128mm, L_3=122mm, L_4=23mm, L_5=92mm, L_P=150mm, L_β=120mm, θ_3'=100°, θ_P=20°, β=70°, θ_0=40°, θ_1'=243°, θ_s=103°
$b_{(6,1)}$	1	1	1
$b_{(5,1)}$	0.2749+0.1784i	0.2749 + 0.1784i	0.2696 + 0.1792i

小波标准化参数	第 1 组机构	第 2 组机构	第 3 组机构
	$L_1=35$mm, $L_2=128$mm, $L_3=122$mm, $L_4=23$mm, $L_5=92$mm, $L_P=350$mm, $L_\beta=200$mm, $\theta_3'=100°$, $\theta_P=40°$, $\beta=30°$, $\theta_0=20°$, $\theta_1'=253°$, $\theta_s=103°$	$L_1=35$mm, $L_2=128$mm, $L_3=122$mm, $L_4=23$mm, $L_5=92$mm, $L_P=150$mm, $L_\beta=120$mm, $\theta_3'=100°$, $\theta_P=20°$, $\beta=70°$, $\theta_0=40°$, $\theta_1'=253°$, $\theta_s=103°$	$L_1=35$mm, $L_2=128$mm, $L_3=122$mm, $L_4=23$mm, $L_5=92$mm, $L_P=150$mm, $L_\beta=120$mm, $\theta_3'=100°$, $\theta_P=20°$, $\beta=70°$, $\theta_0=40°$, $\theta_1'=243°$, $\theta_s=103°$
$\boldsymbol{b}_{(5,2)}$	0.6814−0.2978i	0.6814−0.2978i	0.7209−0.2822i
$\boldsymbol{b}_{(4,1)}$	0.0876 + 0.1004i	0.0876 + 0.1004i	0.0895 + 0.1064i
$\boldsymbol{b}_{(4,2)}$	0.1932 + 0.0736i	0.1932 + 0.0736i	0.1859+ 0.0690i
$\boldsymbol{b}_{(4,3)}$	0.3272−0.0299i	0.3272−0.0299i	0.3210−0.03026i
$\boldsymbol{b}_{(4,4)}$	0.3148−0.2841i	0.3148−0.2841i	0.3712−0.2723i

第 1 组给定机构轨迹参数为 $L_1 = 35$ mm, $L_2 = 128$ mm, $L_3 = 122$ mm, $L_4 = 23$ mm, $L_5 = 92$ mm, $L_P = 350$ mm, $\theta_P = 40°$, $L_\beta = 200$ mm, $\beta = 30°$, $\theta_0 = 20°$, $\theta_1' = 253°$, $\theta_3' = 100°$, $\theta_s = 103°$。

第 2 组给定机构轨迹参数为 $L_1 = 35$ mm, $L_2 = 128$ mm, $L_3 = 122$ mm, $L_4 = 23$ mm, $L_5 = 92$ mm, $L_P = 150$ mm, $\theta_P = 20°$, $L_\beta = 120$ mm, $\beta = 70°$, $\theta_0 = 40°$, $\theta_1' = 253°$, $\theta_3' = 100°$, $\theta_s = 103°$。

第 3 组给定机构轨迹参数为 $L_1 = 35$ mm, $L_2 = 128$ mm, $L_3 = 122$ mm, $L_4 = 23$ mm, $L_5 = 92$ mm, $L_P = 150$ mm, $\theta_P = 20°$, $L_\beta = 120$ mm, $\beta = 70°$, $\theta_0 = 40°$, $\theta_1' = 243°$, $\theta_3' = 100°$, $\theta_s = 103°$。

第 1 组给定机构与第 2 组给定机构的特征尺寸型相同,机构安装位置参数(L_β、β、θ_0)及连杆上任意一点 P 的位置参数(L_P、θ_P)不同,第 2 组机构与第 3 组机构除起始角 θ_1' 不同,其他机构参数全部相同。利用 4.2.1 节给出的方法提取 3 组给定五杆机构的曲线特征矢量。根据小波变换理论对曲线特征矢量进行小波分解($j = 6$),表 4.2.1 中列出 3 组给定机构的后 3 级($\boldsymbol{b}_{(4,1)}$, $\boldsymbol{b}_{(4,2)}$, $\boldsymbol{b}_{(4,3)}$, $\boldsymbol{b}_{(4,4)}$, $\boldsymbol{b}_{(5,1)}$, $\boldsymbol{b}_{(5,2)}$和$\boldsymbol{b}_{(6,1)}$)小波标准化参数。由表 4.2.1 可知,机构特征尺寸型相同的五杆机构其小波标准化参数也相同。根据这一特点,我们建立平面五杆机构连杆轨迹曲线的动态自适应图谱库,进而实现在有限的存储空间中,将特征尺寸型相同的五杆机构聚类储存,消除图谱库中的数据冗余。我们定义轨迹曲线的 $j − 1$ 级和 $j − 2$ 级小波标准化参数为平面五杆机构连杆轨迹曲线的输出小波特征参数。

4.2.3　平面五杆机构轨迹综合步骤

根据复数运算关系,利用 Db1 小波对曲线特征矢量进行小波变换,所得小波系数的实部和虚部与对曲线特征矢量的实部和虚部分别进行小波变换后所得参数相同。连杆曲线在低分辨率下的趋势和特征可由 $j-1$ 级的小波标准化参数($b_{(j-1,1)}$ 和 $b_{(j-1,2)}$)表示，因此我们对多个相对转动区间的机构尺寸型进行分区，建立索引关键字数据库。通过比较给定轨迹曲线 $j-1$ 级小波标准化参数与索引关键字，可以找到目标机构基本尺寸型所在的叶子节点，进而提取叶子节点中特征尺寸型生成机构连杆轨迹曲线的输出小波特征参数，建立平面五杆机构连杆轨迹曲线的动态自适应图谱库。五杆机构轨迹综合步骤如图 4.2.3 所示。具体步骤描述如下。

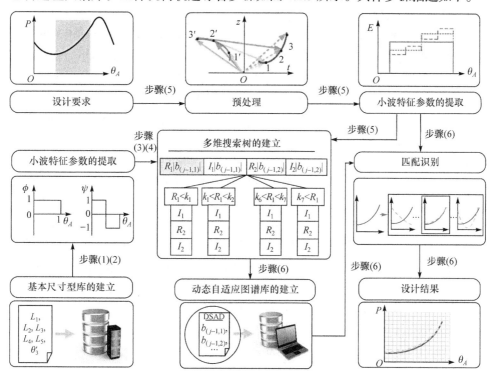

图 4.2.3　五杆机构轨迹综合步骤

① 基本尺寸型数据库包括机构杆长 L_1、L_2、L_3、L_4、L_5 和输入构件 L_4 的起始角 θ_3'。五根杆长总和为 400，步长为 3，并满足格拉斯霍夫准则；起始角 θ_3' 取值范围为 0°～340°，每隔 20° 取值，从而建立包含 156 978 组基本尺寸型数据库。

② 输入构件 L_1 起始角 θ_1' 的取值范围为 4°～360°，每隔 3° 取值；基本尺寸型数据库中加入起始角 θ_1'，可得包含 18 680 382 组机构尺寸型的 7 维数据库，其中每一组机构尺寸型包括五杆杆长及机构起始角(L_1、L_2、L_3、L_4、L_5、θ_3'、θ_1')。输入构件相对起始角的最大转动角度取值范围为 31°～300°，变化步长为 3°；13 个传动比分别为 0.1，0.2，0.3，0.5，1.5，2，–0.1，–0.2，–0.3，–0.5，–1，–1.5 和–2。在此基础上，在 6 维机构尺寸型数据库中加入输入构件相对起始角的最大转动角度和传动

比，建立了包含 21 856 046 940 组机构尺寸型 9 维特征尺寸型数据库。

③ 根据 4.2.2 节的分析，除特征尺寸型外，其他五杆机构尺寸参数及安装位置参数的变化对小波标准化参数没有影响，为了方便计算实际尺寸和安装位置参数，令 $L_P = 1$，$L_\beta = 0$，$\theta_P = 0°$，$\beta = 0°$，$\theta_0 = 0°$。对特征尺寸型数据库中的机构输出的非整周期轨迹曲线进行离散化采样。对采样点进行预处理、小波分解，以及归一化处理，将可得的 $j-1$ 级小波标准化参数($b_{(j-1,1)}$ 和 $b_{(j-1,2)}$)与相应的机构尺寸型存储于输出小波特征参数数据库中。

④ 为了缩短模糊识别的时间，利用多维搜索树对各相对转动区间内的特征尺寸型进行分区，建立索引关键字数据库。首先，根据第 $j-1$ 级输出小波特征参数第一项的实部，将特征尺寸型排序，建立深度为 2 的 4 阶搜索树，其中子树节点的关键字为输出小波特征参数中第一项实部所构成序列的八等分点数值(如图 4.2.4 所示，其中 k 为关键字；$\text{Re}[b_{(j-1,1)}]$ 为 $b_{(j-1,1)}$ 的实部；$\text{Im}[b_{(j-1,1)}]$ 为 $b_{(j-1,1)}$ 的虚部；$\text{Re}[b_{(j-1,2)}]$ 为 $b_{(j-1,2)}$ 的实部；$\text{Im}[b_{(j-1,2)}]$ 为 $b_{(j-1,2)}$ 的虚部；I_1 代表 $\text{Im}[b_{(j-1,1)}]$；I_2 代表 $\text{Im}[b_{(j-1,2)}]$；R_2 代表 $\text{Re}[b_{(j-1,2)}]$，再根据第一项输出小波特征参数的虚部、第二项输出小波特征参数的实部和虚部的数值，对子树进行划分。最终，可得深度为 5 的 4 阶搜索树，其中叶子节点数为 4096 个，每个节点存储约 59 787 个特征尺寸型编号。尺寸型编号用 uint64(64 位无符号整数)储存，每个尺寸型编号占用 6 Byte，每个叶子节点理论上占用磁盘空间约为 522 090 Bytes。由于所用软件为 MATLAB 2014a，所存储的 MAT 文件被压缩并使用 Unicode 字符编码，最终叶子节点占用磁盘空间约为 370KB。索引关键字数据库中包含 90 组相对转动区间的索引关键字序列，每个序列包括 4095 个关键字。

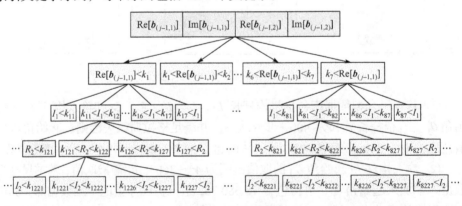

图 4.2.4　多维搜索树

⑤ 对给定的曲线进行 65 个点的离散化采样，对其进行预处理、6 级小波分解，以及归一化处理，提取给定轨迹曲线的 $j-1$ 级输出小波特征参数($b_{(j-1,1)}$ 和 $b_{(j-1,2)}$)，可得四维查询数据，即 $\text{Re}[b_{(j-1,1)}]$、$\text{Im}[b_{(j-1,1)}]$、$\text{Re}[b_{(j-1,2)}]$、$\text{Im}[b_{(j-1,2)}]$。通

过与索引关键字数据库中的关键字比对，四维查询数据从根节点开始查询，查询可得目标机构尺寸型所在叶子节点。根据多尺度分析理论，结合特征尺寸型数据库，提取叶子节点中全部特征尺寸型生成五杆机构的输出小波特征参数，建立平面五杆机构连杆轨迹曲线的动态自适应图谱库。自适应图谱库中每组数据包括机构尺寸型编号和相应的 j–1 级和 j–2 级输出小波特征参数。每个特征参数占用8 Byte，自适应图谱库占用内存空间约为 431 MByte，建库约用时 220 s。

⑥ 根据给定目标轨迹曲线输出小波特征参数与动态自适应图谱库中存储的输出小波特征参数的误差，输出若干组误差最小的特征尺寸型。误差函数可以表示为

$$\delta = \sum_{J=j-2}^{j-1} \sum_{l=1}^{2^{j-J}} \left(\boldsymbol{b}_{(J,l)} - \boldsymbol{b}'_{(J,l)} \right)^2 \tag{4.2.20}$$

式中，$\boldsymbol{b}_{(J,l)}$ 为给定目标轨迹曲线的 J 级输出小波特征参数；$\boldsymbol{b}'_{(J,l)}$ 为动态自适应图谱库中存储的 J 级输出小波特征参数。

利用多维搜索树对目标机构的最优基本尺寸型进行搜索，理论上需要对多维搜索树进行回溯。由于时间成本和计算成本等问题，采用遗传算法代替回溯在综合结果附近寻找近似最优解。

利用动态自适应图谱库进行平面五杆机构轨迹综合的过程中，只需要特征尺寸型数据库、索引关键字数据库和叶子节点就可以实现五杆机构任意设计区间的轨迹综合问题的求解。与传统的数值图谱法相比，本书提出的方法可以提高模糊识别效率，节省存储空间，建立的数据库便于存储和传输。

4.2.4　目标机构实际尺寸的计算

根据给定轨迹曲线的小波系数与匹配识别所得机构的小波系数的内在关系，计算出目标机构的实际尺寸和安装位置。具体理论方程如下。

1. BP 的长度 L_P

当机构的基本尺寸型确定后，连杆 BC 与机架 AE 的夹角 θ_2 被确定，因此 r^n 也被确定。根据式(4.2.16)可得下式，即

$$\frac{\boldsymbol{d}_{(j,l)}}{\boldsymbol{d}'_{(j,l)}} = \frac{L_P e^{i(\theta_P + \theta_0)} \left[(\boldsymbol{r}^{2^J l - 2^J + 1} + \cdots + \boldsymbol{r}^{2^J l - 2^{J-1}}) - (\boldsymbol{r}^{2^J l - 2^{J-1} + 1} + \cdots + \boldsymbol{r}^{2^J l}) \right] / 2^J}{L'_P e^{i(\theta'_P + \theta'_0)} \left[(\boldsymbol{r}^{2^J l - 2^J + 1} + \cdots + \boldsymbol{r}^{2^J l - 2^{J-1}}) - (\boldsymbol{r}^{2^J l - 2^{J-1} + 1} + \cdots + \boldsymbol{r}^{2^J l}) \right] / 2^J} \tag{4.2.21}$$

式中，$\boldsymbol{d}_{(j,l)}$ 为给定目标轨迹曲线的 j 级小波细节系数；$\boldsymbol{d}'_{(j,l)}$ 为所得特征尺寸型生成机构的 j 级小波细节系数。

式(4.2.21)可化简为

$$\frac{\boldsymbol{d}_{(j,l)}}{\boldsymbol{d}'_{(j,l)}} = \frac{L_P e^{i(\theta_P + \theta_0)}}{L'_P e^{i(\theta'_P + \theta'_0)}} \tag{4.2.22}$$

根据 4.2.3 节的步骤可知，将 $L_P = 1$、$\theta_P = 0°$、$\theta_0 = 0°$代入式(4.2.22)可得

$$\frac{d_{(j,1)}}{d'_{(j,1)}} = L_P e^{i(\theta_P + \theta_0)} = L_P \cos(\theta_P + \theta_0) + iL_P \sin(\theta_P + \theta_0) \tag{4.2.23}$$

$$L_p = \sqrt{\{\mathrm{Re}[d_{(j,1)}/d'_{(j,1)}]\}^2 + [\mathrm{Im}[d_{(j,1)}/d'_{(j,1)}]]^2} \tag{4.2.24}$$

$$\theta_P + \theta_0 = \arctan\left[\frac{\mathrm{Im}[d_{(j,1)}/d'_{(j,1)}]}{\mathrm{Re}[d_{(j,1)}/d'_{(j,1)}]}\right] \tag{4.2.25}$$

2. 机架 AE 的位置参数 L_β 和 β

根据式(4.2.15)，特征尺寸型输出轨迹的小波近似系数表达式为

$$a'_{(j,1)} = L'_\beta e^{i\beta'}(1 - e^{i\Delta\theta}) + L_P e^{i(\theta'_P + \theta'_0)}\frac{r^1 + r^2 + \cdots + r^{2^j}}{2^j} \tag{4.2.26}$$

将 $L'_P = 1$，$L'_\beta = 0$，$\theta'_P = 0°$，$\beta' = 0°$，$\theta'_0 = 0°$代入式(4.2.26)可得下式，即

$$a'_{(j,1)} = \frac{r^1 + r^2 + \cdots + r^{2^j}}{2^j} \tag{4.2.27}$$

将式(4.2.27)代入式(4.2.15)可得下式，即

$$a_{(j,1)} = L_\beta e^{i\beta}(1 - e^{i\Delta\theta}) + L_P e^{i(\theta_P + \theta_0)}a'_{(j,1)} \tag{4.2.28}$$

L_β 和 β 的值为

$$L_\beta = \left\{\mathrm{Re}\left[\frac{a_{(j,1)} - a'_{(j,1)}L_P e^{i(\theta_P + \theta_0)}}{1 - e^{i\Delta\theta}}\right]^2 + \mathrm{Im}\left[\frac{a_{(j,1)} - a'_{(j,1)}L_P e^{i(\theta_P + \theta_0)}}{1 - e^{i\Delta\theta}}\right]^2\right\}^{1/2} \tag{4.2.29}$$

$$\beta = \arctan\left\{\frac{\mathrm{Im}[(a_{(j,1)} - a'_{(j,1)}L_P e^{i(\theta_P + \theta_0)})/(1 - e^{i\Delta\theta})]}{\mathrm{Re}[(a_{(j,1)} - a'_{(j,1)}L_P e^{i(\theta_P + \theta_0)})/(1 - e^{i\Delta\theta})]}\right\} \tag{4.2.30}$$

式中，$a_{(j,1)}$ 为给定目标轨迹曲线的 j 级小波近似系数；$a'_{(j,1)}$ 为特征尺寸型生成机构的 j 级小波近似系数。

3. 目标机构的实际杆长

由式(4.2.5)可得第一个采样点的表达式，即

$$P(\theta_A^1) = L_\beta e^{i\beta} + L_1 e^{i(\theta_0 + \theta_A^1)} + L_P e^{i(\theta_0 + \theta_2^1 + \theta_P)} \tag{4.2.31}$$

目标机构的各杆的实际长度为

$$L_1 e^{i\theta_0} = \frac{P(\theta_A^1) - L_P e^{i(\theta_0 + \theta_2^1 + \theta_P)} - L_\beta e^{i\beta}}{e^{i\theta_A^1}} \tag{4.2.32}$$

$$L_1 = \sqrt{\mathrm{Re}\left[\frac{\boldsymbol{P}(\theta_A^1) - L_P\mathrm{e}^{\mathrm{i}\left(\theta_0+\theta_2^1+\theta_P\right)} - L_\beta\mathrm{e}^{\mathrm{i}\beta}}{\mathrm{e}^{\mathrm{i}\theta_A^1}}\right]^2 + \mathrm{Im}\left[\frac{\boldsymbol{P}(\theta_A^1) - L_P\mathrm{e}^{\mathrm{i}\left(\theta_0+\theta_2^1+\theta_P\right)} - L_\beta\mathrm{e}^{\mathrm{i}\beta}}{\mathrm{e}^{\mathrm{i}\theta_A^1}}\right]^2}$$

$$\tag{4.2.33}$$

$$L_M = \frac{L_1}{L_1'}L_M' \tag{4.2.34}$$

式中，$M= 1,2,\cdots, 5$；L_M' 为优化后的基本尺寸型。

4. 参数 θ_0 和 θ_P 的值

机架 AE 的安装角 θ_0 和杆 BP 与连杆 BC 之间的夹角 θ_P 可以通过以下公式求取，即

$$\theta_0 = \arctan\left\{\frac{\mathrm{Im}[\boldsymbol{P}(\theta_A^1) - L_P\mathrm{e}^{\mathrm{i}\left(\theta_0+\theta_2^1+\theta_P\right)} - L_\beta\mathrm{e}^{\mathrm{i}\beta}\big/\mathrm{e}^{\mathrm{i}\theta_A^1}]}{\mathrm{Re}[\boldsymbol{P}(\theta_A^1) - L_P\mathrm{e}^{\mathrm{i}\left(\theta_0+\theta_2^1+\theta_P\right)} - L_\beta\mathrm{e}^{\mathrm{i}\beta}\big/\mathrm{e}^{\mathrm{i}\theta_A^1}]}\right\} \tag{4.2.35}$$

将式(4.2.35)代入式(4.2.25)可得

$$\theta_P = \arctan\left\{\frac{\mathrm{Im}[\boldsymbol{d}_{(j,1)}\big/\boldsymbol{d}_{(j,1)}']}{\mathrm{Re}[\boldsymbol{d}_{(j,1)}\big/\boldsymbol{d}_{(j,1)}']}\right\} - \arctan\left\{\frac{\mathrm{Im}[\boldsymbol{P}(\theta_A^1) - L_P\mathrm{e}^{\mathrm{i}\left(\theta_0+\theta_2^1+\theta_P\right)} - L_\beta\mathrm{e}^{\mathrm{i}\beta}\big/\mathrm{e}^{\mathrm{i}\theta_A^1}]}{\mathrm{Re}[\boldsymbol{P}(\theta_A^1) - L_P\mathrm{e}^{\mathrm{i}\left(\theta_0+\theta_2^1+\theta_P\right)} - L_\beta\mathrm{e}^{\mathrm{i}\beta}\big/\mathrm{e}^{\mathrm{i}\theta_A^1}]}\right\}$$

$$\tag{4.2.36}$$

根据式(4.2.24)、式(4.2.29)、式(4.2.30)、式(4.2.33)~式(4.2.36)，可以得到目标机构的实际尺寸和安装位置参数。

4.2.5　平面五杆机构轨迹综合算例

1. 算例 1

为验证上述理论方法的正确性，我们以文献[12]中的第 3 个例子作为对比算例。给定连杆轨迹曲线为

$$y = x^3, \quad x \in [-\sqrt{2}/2, \sqrt{2}/2]$$

文献[12]利用平面四杆机构对给定设计条件进行轨迹综合，其相似度为 2.16×10^{-4}。根据我们提出的输出小波特征参数法，利用平面五杆机构对给定设计条件进行轨迹综合，相似度最小的前 3 组优化后的机构尺寸及安装参数如表 4.2.2 所示。第一组综合结果的小波细节系数如表 4.2.3 所示。小波标准化参数如表 4.2.4 所示。轨迹综合对比图如图 4.2.5 所示。误差图如图 4.2.6 所示。在相同的相似度算法条件下，平面五杆机构的近似最优综合结果的相似度为 3.3090×10^{-7}。

表 4.2.2　机构尺寸及安装参数

实际尺寸 及安装位置参数	第 1 组综合结果	第 2 组综合结果	第 3 组综合结果
L_1/m	1.6507	1.1411	0.8451
L_2/m	5.6124	4.3283	2.5132
L_3/m	4.4805	3.8561	2.2463
L_4/m	1.0847	2.3215	0.9786
L_5/m	6.0368	4.0922	2.3130
ψ_2/rad	5.9341	1.7453	3.1416
ψ_1/rad	0.0698	2.5831	1.7977
θ_g/rad	0.8852	1.2217	1.6406
R/rad	1.5000	0.5000	−0.5000
L_β/m	73.5967	33.0210	20.3318
β/rad	−0.0402	−0.1027	2.9035
α/rad	4.4475	0.6873	−3.1006
L_P/m	73.5880	33.0217	20.3435
θ_0/rad	−2.1250	1.3988	1.8611

表 4.2.3　第一组综合结果的小波细节系数

参数	值
$d_{(6,1)}$	$-3.1628\times10^{-5}+8.8349\times10^{-5}$i
$d_{(5,1)}$	$-4.3468\times10^{-5}+0.0083$i
$d_{(5,2)}$	$-3.7673\times10^{-5}-0.0082$i
$d_{(4,1)}$	$-6.9718\times10^{-5}+0.0061$i
$d_{(4,2)}$	$6.9964\times10^{-6}+0.0021$i
$d_{(4,3)}$	$-2.1712\times10^{-6}-0.0020$i
$d_{(4,4)}$	$-4.0770\times10^{-5}-0.0060$i

表 4.2.4　第一组综合结果的小波标准化参数

$b_{(5,1)}$	$b_{(5,2)}$	$b_{(4,1)}$	$b_{(4,2)}$	$b_{(4,3)}$	$b_{(4,4)}$
83.8243− 29.5167i	−82.6658+30.020 4i	62.0571− 21.4270i	21.3913− 7.7372i	−20.9915+7.5394i	−61.0209+22.3067i

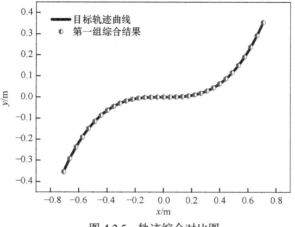

图 4.2.5　轨迹综合对比图

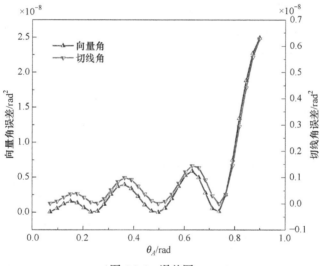

图 4.2.6　误差图

文献[12]中相似度算法如下。

① 设 α_q ($q=1, 2, \cdots, 64$)是点 q 处的前一段和后一段之间的角度，为方便，我们定义此角为向量角。

② 设 β_q 是在点 q 处给定曲线的切线与给定多边形(给定曲线上65个点首尾相连形成一个多边形)的后一段之间的角度，我们定义此角为切线角。

③ 相似度 $\varepsilon = \dfrac{1}{64}\sum\limits_{q=1}^{64}[(\alpha_q^{\mathrm{req}} - \alpha_q^{\mathrm{adq}})^2 + (\beta_q^{\mathrm{req}} - \beta_q^{\mathrm{adq}})^2]$，其中 α_q^{req} 为给定曲线的向量角，α_q^{adp} 为综合结果曲线的向量角，β_q^{req} 为给定曲线的切线角，β_q^{adp} 为综合结果曲线的切线角。

2. 算例 2

末端导引式康复机器人一般通过简单驱动装置带动患者手部或脚部运动，从而使患者的臂部和腿部产生连带运动。训练时，让患者双手或双足处于运动装置，由运动装置带动患者双手或双足运动，进而使臂部和腿部运动，通过控制运动轨迹和运动姿态达到带动患者肢体运动的目的。利用五杆串联机构，麻省理工学院成功开发出第一台上肢康复机器人 MIT-Manus[13]。本节以文献[14]中的足部运动轨迹为目标轨迹曲线，利用输出小波特征参数法对平面五杆机构进行轨迹综合。具体综合过程如下。

① 对给定的轨迹曲线进行离散化采样，通过预处理、小波变换及归一化处理提取给定轨迹曲线的小波标准化参数。

② 通过我们建立的动态自适应图谱库，识别出的前 3 组特征参数及其相似度如表 4.2.7 所示。前 3 组综合结果的小波标准化参数如表 4.2.8 所示。利用遗传算法(最大代数限制为 200)进行优化，结果如表 4.2.9 所示。近似最优的综合结果的相似度为 2.2043×10^{-5}，建立动态自适应图谱库和模糊识别所需时间为 493.593476s。

表 4.2.7　识别出的前 3 组特征参数及其相似度

序号	L_1'/mm	L_2'/mm	L_3'/mm	L_4'/mm	L_5'/mm	θ_3'/rad/(°)	θ_l'/rad/(°)	θ_8'/rad/(°)	R	δ
1	29	113	113	47	98	4.1888	1.2217	3.5256	0.5	6.1436×10^{-5}
2	29	131	101	38	101	5.2360	0.9599	3.6303	0.5	6.1741×10^{-5}
3	29	116	110	44	101	4.1888	1.2217	3.3685	0.5	6.2808×10^{-5}

表 4.2.8　前 3 组综合结果的小波标准化参数

序号	$b'_{(5,1)}$	$b'_{(5,2)}$	$b'_{(4,1)}$	$b'_{(4,2)}$	$b'_{(4,3)}$	$b'_{(4,4)}$
1	0.3917+0.0509i	0.5516−0.0469i	0.1604+0.0595i	0.2350+0.0030i	0.283−0.0048i	0.2649−0.0499i
2	0.4014+0.0464i	0.5464−0.0443i	0.1641+0.0539i	0.2380+0.0026i	0.2792+0.0032i	0.2644−0.0520i
3	0.3883+0.0562i	0.5599−0.0504i	0.1601+0.0626i	0.2320+0.0044i	0.2850−0.0067i	0.2697−0.0514i

表 4.2.9　优化结果

优化后所得机构参数	第 1 组	第 2 组	第 3 组
L_1' / mm	29.2761	29.6361	30.2415
L_2' / mm	114.0398	130.4086	116.9288

续表

优化后所得机构参数	第1组	第2组	第3组
L_3' / mm	115.2943	102.3035	109.9055
L_4' / mm	48.9783	37.1329	42.8709
L_5' / mm	98.5107	102.7538	100.8934
θ_3'/rad	4.0896	5.0551	4.2147
θ_1'/rad	1.2521	1.0026	1.2041
θ_s/rad	3.5279	3.5818	3.4274
R	0.5	0.5	0.5
δ	2.2043×10^{-5}	4.4647×10^{-5}	3.4147×10^{-5}

③ 计算出的近似最优结果的实际安装参数如表4.2.10所示。近似最优结果的机构图如图4.2.7所示。综合对比图如图4.2.8所示。误差图如图4.2.9所示。

表 4.2.10　实际安装参数

目标机构实际尺寸及安装位置参数	第1组	第2组	第3组
L_1/mm	119.9926	123.6834	113.6749
L_2/mm	467.4093	544.2479	439.5245
L_3/mm	472.5511	426.9540	413.1247
L_4/mm	200.7453	154.9706	161.1476
L_5/mm	403.7611	428.8335	379.2491
θ_3'/rad	4.0896	5.0551	4.2147
θ_1' / rad	1.2521	1.0012	1.2041
θ_s/rad	3.5279	3.5817	3.4274
R	0.5000	0.5000	0.5000
L_β/mm	234.7791	224.2538	252.3428
β/rad	1.5644	1.6097	1.4778
α/rad	0.4910	0.1870	0.3815
L_P/mm	574.6332	555.2720	609.5258
θ_b/rad	−3.0831	−2.8586	−2.9866

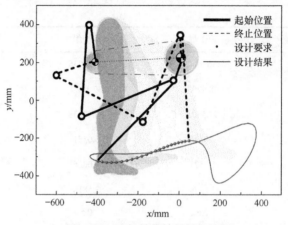

图 4.2.7   近似最优结果的机构图

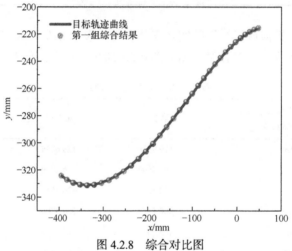

图 4.2.8   综合对比图

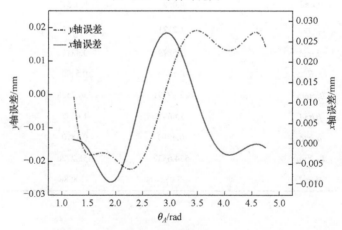

图 4.2.9   误差图

4.3　平面六杆机构非整周期设计要求刚体导引综合

4.3.1　平面六杆机构连杆转角函数与刚体转角函数的关系

图 4.3.1 为平面六杆机构模型。其中，环(1)为曲柄滑块机构，环(1)中 L_1、L_2 和 L_e 分别为曲柄滑块机构的曲柄、连杆和偏心距，θ_1 为机构输入角，θ_{14} 为杆 L_1 和杆 L_4 之间的夹角。当环(1)的起始角为 θ_1' 时，环(1)的输入构件转角为

$$\theta_B = \theta_1 + \theta_1' + \theta_{14} + \theta_7 \tag{4.3.1}$$

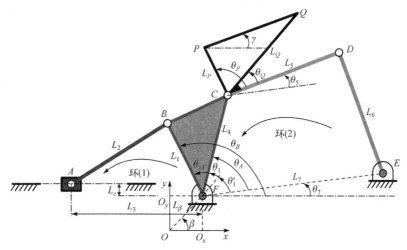

图 4.3.1　平面六杆机构模型

根据几何关系可知，曲柄滑块输出的位移可以表示为

$$L_3 = \sqrt{L_2^2 - (L_1\sin\theta_B - L_e)^2} - L_1\cos\theta_B \tag{4.3.2}$$

给定平面六杆机构中环(2)的输入构件转角为 $\theta_A(\theta_A = \theta_1' + \theta_1)$，$OF$ 与 x 轴的夹角为 β，OF 的长度为 L_β，杆 FC、CD、DE、EF、CP 和 CQ 所对应的杆长分别为 L_4、L_5、L_6、L_7、L_P 和 L_Q，θ_7 为机架 EF 与 x 轴的夹角，θ_5 为连杆 CD 与机架 EF 之间的夹角，定义为连杆转角，γ 为刚体标线 PQ 与 x 轴的夹角，定义为刚体转角，θ_P 和 θ_Q 分别为杆 CP 和 CQ 与连杆 CD 之间的夹角。当曲柄 FC 转动时，由 3.4.1 节可知，P 点和 Q 点生成的连杆曲线为

$$\boldsymbol{P}(\theta_A) = L_\beta\, e^{i\beta} + L_4\, e^{i(\theta_A + \theta_7)} + L_P\, e^{i(\theta_7 + \theta_5 + \theta_P)} \tag{4.3.3}$$

$$\boldsymbol{Q}(\theta_A) = L_\beta\, e^{i\beta} + L_4\, e^{i(\theta_A + \theta_7)} + L_Q\, e^{i(\theta_7 + \theta_5 + \theta_Q)} \tag{4.3.4}$$

连杆 CD 上的标线 PQ 可以表示为

$$PQ(\theta_A) = Q(\theta_A) - P(\theta_A) = \left[L_Q \mathrm{e}^{\mathrm{i}(\theta_7 + \theta_Q)} - L_P \mathrm{e}^{\mathrm{i}(\theta_7 + \theta_P)} \right] \mathrm{e}^{\mathrm{i}\theta_5} \tag{4.3.5}$$

由图 4.3.1 有

$$\tan\gamma(\theta_A) = \frac{L_Q \sin\left[\theta_Q + \theta_5(\theta_A) + \theta_7\right] - L_P \sin\left[\theta_P + \theta_5(\theta_A) + \theta_7\right]}{L_Q \cos\left[\theta_Q + \theta_5(\theta_A) + \theta_7\right] - L_P \cos\left[\theta_P + \theta_5(\theta_A) + \theta_7\right]} \tag{4.3.6}$$

由式(4.3.6)可得

$$\tan\left(\gamma(\theta_A)\right) = \tan\left\{ \theta_5(\theta_A) + \arctan\left[\frac{L_Q \sin(\theta_Q + \theta_7) - L_P \sin(\theta_P + \theta_7)}{L_Q \cos(\theta_Q + \theta_7) - L_P \cos(\theta_P + \theta_7)} \right] \right\} \tag{4.3.7}$$

由式(4.3.7)可得

$$\gamma(\theta_A) = \theta_5(\theta_A) + \arctan\left[\frac{L_Q \sin(\theta_Q + \theta_7) - L_P \sin(\theta_P + \theta_7)}{L_Q \cos(\theta_Q + \theta_7) - L_P \cos(\theta_P + \theta_7)} \right] \tag{4.3.8}$$

令 $\arctan\left[\dfrac{L_Q \sin(\theta_Q + \theta_7) - L_P \sin(\theta_P + \theta_7)}{L_Q \cos(\theta_Q + \theta_7) - L_P \cos(\theta_P + \theta_7)} \right]$ 为 K'，则式(4.3.8)可写为

$$\gamma(\theta_A) = \theta_5(\theta_A) + K' \tag{4.3.9}$$

4.3.2　平面六杆机构刚体转角输出的小波分析

对于平面六杆机构的环(1)，由 2.3.2 节可知，对于任意曲柄滑块机构，其杆长及偏心距等比例放大 k 倍，滑块输出位移的小波系数也放大 k 倍，并且曲柄滑块位移输出小波特征参数相等。对于六杆机构的环(2)，由 3.4.2 节分析可知，连杆转角函数 θ_5 的小波近似系数和小波细节系数可以表示为

$$a_{(j,1)} = \frac{\theta_5(\theta_A^1) + \theta_5(\theta_A^2) + \cdots + \theta_5(\theta_A^{2^j - 1}) + \theta_5(\theta_A^{2^j})}{2^j} \tag{4.3.10}$$

$$d_{(J,l)} = \frac{\left[\theta_5(\theta_A^{2^J l - 2^J + 1}) + \cdots + \theta_5(\theta_A^{2^J l - 2^{J-1}})\right] - \left[\theta_5(\theta_A^{2^J l - 2^{J-1} + 1}) + \cdots + \theta_5(\theta_A^{2^J l})\right]}{2^J} \tag{4.3.11}$$

式中，$\theta_5(\theta_A^n)$ 为第 n 个采样点对应的连杆转角($n = 1, 2, \cdots, 2^j$)。

类似地，对刚体转角输出函数 γ 进行小波变换，刚体转角的小波近似系数和小波细节系数可表示为

$$a'_{(j,1)} = \frac{\gamma(\theta_A^1) + \gamma(\theta_A^2) + \cdots + \gamma(\theta_A^{2^j - 1}) + \gamma(\theta_A^{2^j})}{2^j} \tag{4.3.12}$$

$$d'_{(J,l)} = \frac{\left[\gamma(\theta_A^{2^J l - 2^J + 1}) + \cdots + \gamma(\theta_A^{2^J l - 2^{J-1}}) \right] - \left[\gamma(\theta_A^{2^J l - 2^{J-1} + 1}) + \cdots + \gamma(\theta_A^{2^J l}) \right]}{2^J} \quad (4.3.13)$$

式中，$\gamma(\theta_A^n)$ 为第 n 个采样点对应的刚体转角 $(n = 1, 2, \cdots, 2^j)$。

由式(4.3.9)有

$$\gamma(\theta_A^n) = \theta_5\left(\theta_A^n\right) + K' \quad (4.3.14)$$

式中，$n = 1, 2, \cdots, 2^j$。

将式(4.3.14)代入式(4.3.12)和式(4.3.13)，可得

$$a'_{(j,1)} = \frac{\theta_5(\theta_A^1) + \theta_5(\theta_A^2) + \cdots + \theta_5(\theta_A^{2^j-1}) + \theta_5(\theta_A^{2^j})}{2^j} + K' \quad (4.3.15)$$

$$d'_{(J,l)} = \frac{\left[\theta_5(\theta_A^{2^J l - 2^J + 1}) + \cdots + \theta_5(\theta_A^{2^J l - 2^{J-1}}) \right] - \left[\theta_5(\theta_A^{2^J l - 2^{J-1} + 1}) + \cdots + \theta_5(\theta_A^{2^J l}) \right]}{2^J}$$

$$(4.3.16)$$

比较式(4.3.10)和式(4.3.15)，式(4.3.11)和式(4.3.16)可知，对于任意给定机构，刚体转角和连杆转角的小波细节系数相等，小波近似系数相差 K'。由式(4.3.8)可知，K' 与 L_P、L_Q、θ_P、θ_Q 和 θ_7 有关。因此，刚体转角输出的特征可以由连杆转角的小波细节系数决定。

综上所述，本书定义平面六杆机构环(1)滑块输出位移的后 3 级小波标准化参数和环(2)刚体转角的后 3 级小波细节系数为六杆机构输出小波特征参数。

4.3.3 平面六杆机构非整周期刚体导引综合步骤

根据 4.3.2 节的研究，利用平面六杆机构输出小波特征参数，结合模糊识别方法及实际尺寸和安装位置的理论计算公式，可以实现平面六杆机构多位置给定设计要求刚体导引综合，具体步骤如下。

① 以步长为 1($\lambda=1$)，建立平面六杆机构基本尺寸型数据库。对于环(1)，以 $L_1' = 50$、$L_2' = 100$ 和 $L_e' = 40$ 为基本尺寸型初始值，建立包含 31 775 组基本尺寸型的曲柄滑块基本尺寸型数据库(图 4.3.2)。对于环(2)，以 $L_4' = 41$、$L_5' = 43$、$L_6' = 44$、$L_7' = 45$ 为基本尺寸型的初始值，建立包含 178 810 组基本尺寸型的平面四杆机构基本尺寸型数据库(图 4.3.3)。

② 利用 Db1 小波提取给定平面六杆机构中环(1)的目标输出位移和环(2)的目标刚体转角的输出小波特征参数。

③ 根据给定设计要求，提取环(1)和环(2)的基本尺寸型数据库中存储的机构基本尺寸型生成机构的输出小波特征参数，分别建立平面六杆机构环(1)和环(2)的动态自适应图谱库。图谱库由环(1)和环(2)的基本尺寸型、输入构件起始角及对

应输出小波特征参数构成。

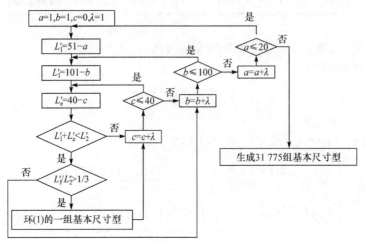

图 4.3.2　环(1)的基本尺寸型数据库的建立

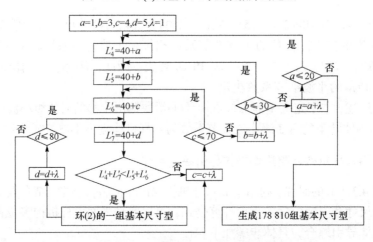

图 4.3.3　环(2)的基本尺寸型数据库的建立

④ 根据给定设计要求的输出小波特征参数与动态自适应图谱库中存储的输出小波特征参数之间的误差，输出误差最小的若干组目标机构基本尺寸型。平面六杆机构输出小波特征参数误差函数为

$$\delta = \delta_1 + \delta_2 \tag{4.3.17}$$

式中，δ_1 为环(1)的输出小波特征参数误差；δ_2 为环(2)的输出小波特征参数误差。

环(1)的输出小波特征参数误差 δ_1 可以表示为

$$\delta_1 = \sum_{J=j-2}^{j} \sum_{l=1}^{2^{j-J}} \left[S_{b(J,l)} - S'_{b(J,l)} \right]^2 \tag{4.3.18}$$

式中，$S_{b(J,l)}$ 为给定设计要求环(1)的输出小波特征参数；$S'_{b(J,l)}$ 为动态自适应图谱库中存储的环(1)的输出小波特征参数。

环(2)的输出小波特征参数误差 δ_2 可以表示为

$$\delta_2 = \sum_{J=j-2}^{j} \sum_{l=1}^{2^{j-J}} \left[S_{d(J,l)} - S'_{d(J,l)} \right]^2 \qquad (4.3.19)$$

式中，$S_{d(J,l)}$ 为给定设计要求环(2)的输出小波特征参数；$S'_{b(J,l)}$ 为动态自适应图谱库中存储的环(2)的输出小波特征参数。

⑤ 根据步骤③所得的基本尺寸型生成机构的小波系数，以及给定设计要求的小波系数，结合 3.3.4 节建立的目标机构实际尺寸及安装位置理论计算公式，计算目标机构的实际尺寸及安装位置参数。具体公式如下。

环(1)中的 L_1、L_2 和 L_e 的实际尺寸为

$$L_1 = k_1 L'_1 \qquad (4.3.20)$$

$$L_2 = k_1 L'_2 \qquad (4.3.21)$$

$$L_e = k_1 L'_e \qquad (4.3.22)$$

$$k_1 = \frac{S_{d(j,1)}}{S'_{d(j,1)}} \qquad (4.3.23)$$

式中，L'_1、L'_2 和 L'_e 分别为匹配识别出的目标机构环(1)的基本尺寸型；k_1 为比例系数；$S_{d(j,1)}$ 为给定设计条件中环(1)的输出位移 j 级小波细节系数；$S'_{d(j,1)}$ 为匹配识别所得基本尺寸型生成机构环(1)的输出位移 j 级小波细节系数。

L_1 与 L_4 的夹角 θ_{14}，以及环(2)的机架偏转角 θ_7 为

$$\theta_{14} + \theta_7 = \theta'_B - \theta'_A \qquad (4.3.24)$$

式中，θ'_B 为匹配识别所得基本尺寸型生成机构环(1)的起始角；θ'_A 为匹配识别所得基本尺寸型生成机构环(2)的起始角。

CP 长度 L_P 为

$$L_P = \sqrt{\left(\mathrm{Re} \frac{d_{(j,1)}}{d'_{(j,1)}} \right)^2 + \left(\mathrm{Im} \frac{d_{(j,1)}}{d'_{(j,1)}} \right)^2} \qquad (4.3.25)$$

式中，$d_{(j,1)}$ 为给定环(2)的目标刚体位置输出曲线的 j 级小波细节系数；$d'_{(j,1)}$ 为所得环(2)基本尺寸型生成机构的 j 级小波细节系数。

L_β 和 β 可根据下式得出，即

$$L_\beta = \sqrt{(\mathrm{Re}c)^2 + (\mathrm{Im}c)^2} \qquad (4.3.26)$$

$$\beta = \arctan\left(\frac{\mathrm{Im}c}{\mathrm{Re}c} \right) \qquad (4.3.27)$$

$$c = \frac{\boldsymbol{a}_{(j,1)} - \boldsymbol{a}'_{(j,1)} L_P \mathrm{e}^{\mathrm{i}(\theta_P + \theta_7)}}{1 - \mathrm{e}^{\mathrm{i}\Delta\theta}} \tag{4.3.28}$$

式中，$\boldsymbol{a}_{(j,1)}$ 为给定环(2)的目标刚体位置输出曲线的 j 级小波近似系数；$\boldsymbol{a}'_{(j,1)}$ 为所得环(2)基本尺寸型生成机构的 j 级小波近似系数。

$\theta_P + \theta_7$ 可以表示为

$$\theta_P + \theta_7 = \arctan\left(\frac{\mathrm{Im}\,\boldsymbol{e}}{\mathrm{Re}\,\boldsymbol{e}}\right) \tag{4.3.29}$$

式中，$\boldsymbol{e} = \boldsymbol{d}_{(j,1)}/\boldsymbol{d}'_{(j,1)}$。

目标机构实际杆长可根据下式得出，即

$$L_{\mathrm{MA}} = k_2 L'_{\mathrm{MA}} \tag{4.3.30}$$

式中，$\mathrm{MA} = 4, 5, 6, 7$；L'_{MA} 为匹配识别所得环(2)的基本尺寸型。

比例系数 k_2 为

$$k_2 = \frac{\sqrt{\left[\mathrm{Re}\,\boldsymbol{P}(\theta_A^1 - L_P \mathrm{e}^{\mathrm{i}(\theta_7 + \theta_5^1 + \theta_P)} - L_\beta \mathrm{e}^{\mathrm{i}\beta})\right]^2 + \left[\mathrm{Im}\,\boldsymbol{P}(\theta_A^1 - L_P \mathrm{e}^{\mathrm{i}(\theta_7 + \theta_5^1 + \theta_P)} - L_\beta \mathrm{e}^{\mathrm{i}\beta})\right]^2}}{L'_1} \tag{4.3.31}$$

机架偏转角度 θ_7 及 BP 与连杆夹角 θ_P 为

$$\theta_7 = \arctan\left\{\frac{\mathrm{Im}\left[\boldsymbol{P}(\theta_A^1) - L_P \mathrm{e}^{\mathrm{i}(\theta_7 + \theta_5^1 + \theta_P)} - L_\beta \mathrm{e}^{\mathrm{i}\beta}\right]}{\mathrm{Re}\left[\boldsymbol{P}(\theta_A^1) - L_P \mathrm{e}^{\mathrm{i}(\theta_7 + \theta_5^1 + \theta_P)} - L_\beta \mathrm{e}^{\mathrm{i}\beta}\right]}\right\} - \theta_1' \tag{4.3.32}$$

式中，$\boldsymbol{P}(\theta_A^1)$ 为给定环(2)的目标刚体位置输出曲线上第一个采样点；θ_5^1 为所得环(2)的基本尺寸型生成机构刚体位置输出曲线上第一个采样点对应的连杆转角。

将 θ_7 代入式(4.3.29)和式(4.3.24)，可得 CP 与连杆夹角 θ_P，以及 L_1 与 L_4 的夹角 θ_{14}。

4.3.4　平面六杆机构刚体导引综合算例

为验证本书提出的平面六杆机构多位置非整周期尺度综合方法的实用性和有效性，本节以参数方程的形式给出目标机构的曲线。环(1)的输出位移为

$$L_3 = 15\sin\theta_1 + 20\cos\theta_1 + 2$$

式中，$\theta_1 \in [80°, 120°]$。

环(2)满足刚体导引输出，即

$$P_x = 35\cos\theta_4$$

$$P_y = 15\sin\theta_4$$

$$\gamma = 35\sin\theta_4 - \pi/4$$

式中，$\theta_4 \in [30°, 70°]$；P_x 和 P_y 分别为给定刚体位置输出曲线的坐标值；γ 为预定的

刚体转角。

按照 4.3.3 节给出的综合步骤，利用模糊识别理论，在环(1)曲柄滑块机构动态自适应图谱库中识别出 10 组与给定函数曲线误差最小的目标机构基本尺寸型 (表 4.3.1)。根据比例系数 k_1 的值可得出曲柄滑块机构的实际尺寸，如表 4.3.2 所示。

表 4.3.1　匹配识别所得环(1)的基本尺寸型

序号	L_1'	L_2'	L_e'	$\theta_1'/(°)$	$\delta_1(\times 10^{-7})$	k_1
1	40	86	0	70	7.2943	−0.5575
2	46	99	0	70	7.3487	−0.4848
3	35	73	1	70	7.8019	−0.6372
4	39	84	0	70	7.5389	−0.5718
5	34	73	0	70	7.5707	−0.6559
6	33	71	0	70	7.3092	−0.6758
7	41	86	1	70	7.6910	−0.5439
8	41	88	0	70	7.6996	−0.7160
9	42	88	1	70	7.8291	−0.5310
10	47	99	1	70	7.8213	−0.4745

表 4.3.2　环(1)的实际尺寸

序号	L_1/cm	L_2/cm	L_e/cm	$\theta_1'/(°)$
1	22.3000	47.9450	0	70
2	22.3008	47.9952	0	70
3	22.3020	46.5156	0.6372	70
4	22.3002	48.0312	0	70
5	22.3006	47.8807	0	70
6	22.3014	47.9818	0	70
7	22.2999	46.7754	0.5439	70
8	29.3560	63.0080	0	70
9	22.3020	46.7280	0.5310	70
10	22.3015	46.9755	0.4745	70

根据建立的环(2)动态自适应图谱库，利用模糊识别方法，对目标六杆机构环(2)的基本尺寸型进行匹配识别，如表 4.3.3 所示。根据 4.3.3 节提出的理论计算公式，计算目标六杆机构环(2)的实际尺寸及安装位置参数，如表 4.3.4 所示。由表 4.3.3 和表 4.3.4 可知，第 1 组和第 2 组综合结果的误差较小。利用 MATLAB 软件对机构的实际尺寸和安装位置进行复现。图 4.3.4 和图 4.3.5 分别为第 1 组和第 2 组六杆机构拟合图(包括位移拟合，转角拟合和位置拟合)。其中实线为环(1)目标位移曲线，点线为环(1)综合结果输出位移曲线，相应的位移误差如图 4.3.6 所示。实线为环(2)给定转角和位置曲线，点线为环(2)综合结果输出转角和位置曲线，相应的转角误差和位置误差如图 4.3.7 和图 4.3.8 所示。

表 4.3.3　匹配识别所得环(2)的基本尺寸型

序号	L_4'	L_5'	L_6'	L_7'	θ_4' /(°)	$\delta_2(\times 10^{-6})$
1	41	70	106	120	281	1.6029
2	41	70	103	120	280	1.6706
3	41	70	103	119	280	1.7193
4	41	70	102	118	280	1.7333
5	41	70	105	118	281	1.7577
6	41	70	105	119	281	1.7757
7	41	70	108	119	282	1.8109
8	41	70	104	117	281	1.8195
9	41	70	101	116	280	1.8208
10	41	70	102	117	280	1.8590

表 4.3.4　环(2)的实际尺寸及安装位置

序号	第1组	第2组	第3组	第4组	第5组
L_4/cm	37.9958	37.9490	38.0174	37.9531	38.0141
L_5/cm	64.8709	64.7910	64.9078	64.7980	64.9021
L_6/cm	98.2330	95.3353	95.5072	94.4200	97.3532
L_7/cm	111.2072	111.0703	110.3432	109.2310	109.4065
L_P/cm	35.4194	35.2509	35.4021	35.2436	35.4134
θ_7/(°)	−248.2798	−247.1797	−247.3287	−247.1740	−248.3027
θ_P/(°)	−6.6406	−4.6410	−5.4546	−5.3801	−7.3912
O_x/cm	33.5224	33.4231	33.4759	33.4125	33.4946
O_y/cm	−8.9167	−8.9032	−8.9463	−8.8944	−8.9210

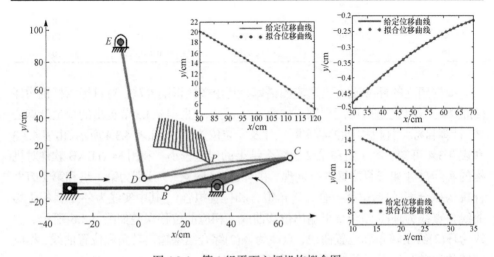

图 4.3.4　第1组平面六杆机构拟合图

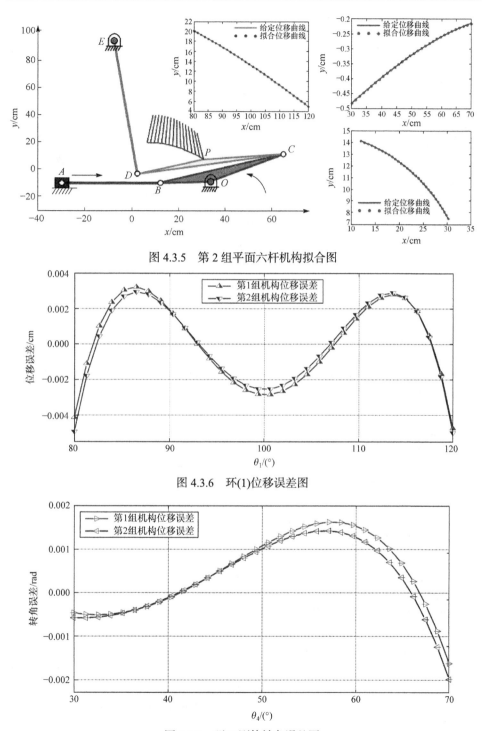

图 4.3.5　第 2 组平面六杆机构拟合图

图 4.3.6　环(1)位移误差图

图 4.3.7　环(2)刚体转角误差图

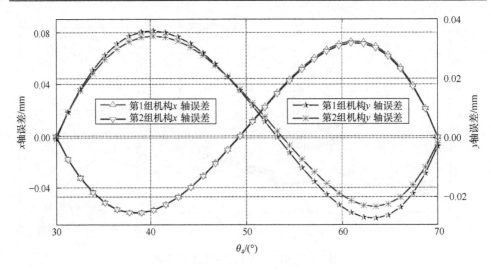

图 4.3.8　环(2)刚体位置误差图

参 考 文 献

[1] 褚金奎, 曹惟庆. 五杆双输入机构的输出特性图谱及输出特性分析. 机械科学与技术,1995, 5:81-87.

[2] 吴琛, 褚金奎. 用谐波理论和快速傅里叶变换进行五杆机构的轨迹综合. 机械科学与技术, 1999, 18(3):348-351.

[3] 李团结, 曹惟庆. 对称双曲柄齿轮五杆机构连杆曲线及其应用. 机械科学与技术,2000, 19(6):930-931.

[4] Sancibrian R, Garca P, Viadero F, et al. A general procedure based on exact gradient determination in dimensional synthesis of planar mechanisms. Mechanism and Machine Theory, 2006, 41(2):212-229.

[5] Gatti G, Mundo D. Optimal synthesis of six-bar crammed-linkages for exact rigid-body guidance. Mechanism and Machine Theory, 2007, 42(9): 1069-1081.

[6] 褚金奎,张荣华,曹惟庆.平面连杆机构轨迹曲线的频率分析. 机械科学与技术, 1992, 41(1):1-5.

[7] 褚金奎, 曹惟庆. 平面连杆机构输出函数分析与综合的新方法:频率分析法. 机械科学与技术, 1992, 43(3):7-13

[8] 吕传毅,曹惟庆,褚金奎. 齿轮连杆机构结构生成的研究. 机械科学与技术, 1995, (2): 17-22.

[9] 吴鑫. 基于数值图谱的平面连杆机构尺度综合研究. 西安: 西安理工大学, 1998.

[10] 吴琛. 用 FFT 进行平面四杆和典型五杆机构轨迹综合的研究. 西安: 西安理工大学, 1998.

[11] Sun J W, Wang P, Liu W R, et al. Synthesis of multiple tasks of a planar six-bar mechanism by wavelet series. Inverse Problems in Science and Engineering, 2019, 27(3):388-406.

[12] Marin F T S, Gonzalez A P. Open-path synthesis of linkages through geometrical adaptation. Mechanism and Machine Theory, 2004, 39(9): 943-955.

[13] Krebs H I, Ferraro M, Buerger S P, et al. Rehabilitation robotics: pilot trial of a spatial extension for MIT-manus. Journal of Neuro Engineering and Rehabilitation, 2004, 1(1): 1-5.

[14] Alamdari A, Haghighi R, Krovi V. Stiffness modulation in an elastic articulated-cable leg-orthosis emulator: theory and experiment. IEEE Transactions on Robotics, 2018, 34(5): 1266-1279.

第五章 球面四杆机构非整周期设计要求尺度综合

5.1 概　　述

球面四杆机构是联系平面机构与空间机构的桥梁[1]。球面四杆机构具有结构紧凑、灵活可靠等诸多优点，在航空、医疗、汽车、农业等领域具有广阔的应用前景[2-11]。目前，近似综合法是求解球面连杆机构多位置、非整周期设计要求尺度综合的主要方法。然而，该类方法不可避免地涉及非线性方程组的求解或优化问题。近似综合法通常需要建立约束方程，然后把目标函数与约束方程转化为数学上的非线性规划问题求解，不但约束方程性质和求解方法因综合机构不同而异，而且其误差评价标准难以一致，以至于难以确定方程解的存在性和迭代收敛性。此外，优化求解受到初值选取、目标函数性态和寻优方法的影响，难以得到稳定的全域解。

本章借助小波分解理论，将连杆机构尺度综合的输出小波特征参数法推广到球面四杆机构尺度综合。首先，根据球面四杆机构的输出函数曲线小波系数的特点，建立球面四杆机构输出函数曲线的动态自适应图谱库。然后，在球面坐标系建立球面四杆机构连杆轨迹的数学模型，利用邻点特征角和隔点特征角描述球面四杆机构连杆轨迹曲线特征。最后，将特征尺寸型相同的球面四杆机构连杆轨迹曲线用一组邻点特征角和隔点特征角表示。基于小波分解理论，给出球面四杆机构连杆轨迹曲线的输出小波特征参数提取方法，建立球面四杆机构连杆轨迹曲线的动态自适应图谱库。根据模糊识别理论及目标机构实际尺寸及安装位置理论计算公式，实现球面四杆机构多位置、非整周期尺度综合问题的求解。

5.2 球面四杆机构非整周期设计要求函数综合

5.2.1 球面四杆机构输出函数曲线的特征参数提取

图 5.2.1 为球面四杆机构示意图，其中 $Oxyz$ 为固定坐标系，AB 为输入构件，BC 为连杆，CD 为输出构件，AD 为机架，AB 对应的圆心角为 α，BC 对应的圆心角为 β，CD 对应的圆心角为 γ，AD 对应的圆心角为 ξ。球心与固定坐标系 $Oxyz$ 的坐标原点 O 重合，输入构件的旋转轴与 x 轴重合，AD 所在平面与 Oxy 平面重

合，θ_1' 为机构的起始角度，θ_1 为输入角。根据球面三角公式，标准安装位置的球面四杆机构输出角 θ_4 可以表示为

$$\theta_4 = 2\arctan\left[\frac{-X_1\sin\gamma + \sqrt{(\sin\gamma\sin\beta)^2 - (Z_1 - \cos\gamma\cos\beta)^2}}{Z_1\cos\gamma - Y_1\sin\gamma - \cos\beta}\right] \tag{5.2.1}$$

式中，$X_1 = \sin\alpha\sin(\theta_1' + \theta_1)$；$Y_1 = -\sin\xi\cos\alpha + \cos\xi\sin\alpha\cos(\theta_1' + \theta_1)$；$Z_1 = \cos\xi\cos\alpha + \sin\xi\sin\alpha\cos(\theta_1' + \theta_1)$。

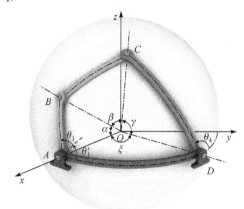

图 5.2.1　球面四杆机构示意图

令输入构件相对起始角的最大转动角度为 θ_s，利用离散化处理方法对球面四杆机构输出函数曲线进行采样，采样间隔为 $\theta_s/(2^j-1)$。采样点可以表示为

$$\theta_4(\theta_A^n) = 2\arctan\left[\frac{-X_1^n\sin\gamma + \sqrt{(\sin\gamma\sin\beta)^2 - (Z_1^n - \cos\gamma\cos\beta)^2}}{Z_1^n\cos\gamma - Y_1^n\sin\gamma - \cos\beta}\right] \tag{5.2.2}$$

式中，$X_1^n = \sin\alpha\sin\theta_A^n$；$Y_1^n = -\sin\xi\cos\alpha + \cos\xi\sin\alpha\cos\theta_A^n$；$Z_1^n = \cos\xi\cos\alpha + \sin\xi\sin\alpha\cos\theta_A^n$；$\theta_A^n = \theta_1' + \theta_1^n$；上角 n 表示第 n 个采样点对应的参数（$n = 1, 2, \cdots, 2^j$）。

利用 Db1 小波对球面四杆机构输出函数曲线的采样点进行小波变换，可得输出函数的 j 级小波展开式，即

$$\theta_4 = a_{(j,1)}\phi_{(j,1)} + \sum_{J=1}^{j}\sum_{l=1}^{2^{j-J}}\left[d_{(J,l)}\psi_{(J,l)}\right] \tag{5.2.3}$$

式中

$$a_{(j,1)} = \frac{\theta_4(\theta_A^1) + \theta_4(\theta_A^2) + \cdots + \theta_4(\theta_A^{2^j-1}) + \theta_4(\theta_A^{2^j})}{2^j}$$

$$d_{(J,l)} = \frac{\left[\theta_4(\theta_A^{2^J l - 2^J + 1}) + \cdots + \theta_4(\theta_A^{2^J l - 2^{J-1}}) \right] - \left[\theta_4(\theta_A^{2^J l - 2^{J-1} + 1}) + \cdots + \theta_4(\theta_A^{2^J l}) \right]}{2^J}$$

$$\phi_{(j,l)} = \phi\left(\frac{\theta_A - \theta_A^1}{\theta_s} \right) = \begin{cases} 1, & 0 \leqslant \dfrac{\theta_A - \theta_A^1}{\theta_s} < 1 \\ 0, & \text{其他} \end{cases}$$

$$\psi_{(J,l)} = \psi\left(2^{j-J} \frac{\theta_A - \theta_A^1}{\theta_s} - l + 1 \right) = \begin{cases} 1, & 0 \leqslant 2^{j-J} \dfrac{\theta_A - \theta_A^1}{\theta_s} - l + 1 < \dfrac{1}{2} \\ -1, & \dfrac{1}{2} \leqslant 2^{j-J} \dfrac{\theta_A - \theta_A^1}{\theta_s} - l + 1 < 1 \\ 0, & \text{其他} \end{cases}$$

类似于平面四杆机构,球面四杆机构输出角同样与参考平面有关。若将标准安装位置的球面四杆机构的机架绕固定坐标系 $Oxyz$ 的 x 轴旋转一定角度,旋转后的球面四杆机构输出函数曲线的小波细节系数将与原机构输出函数曲线的小波细节系数完全相同(以固定坐标系的 Oxy 平面为参考平面)。基于球面四杆机构输出函数曲线小波细节系数的这一特点,我们以球面四杆机构输出函数的后 3 级小波细节系数为输出小波特征参数建立动态自适应图谱库。

5.2.2　球面四杆机构输出函数曲线的动态自适应图谱库建立

根据球面多边形几何关系,我们建立包含 148 995 组球面四杆机构基本尺寸型的数据库,如图 5.2.2 所示。其中,各构件对应圆心角的起始角度为 1°,变化步长为 $\lambda^0 = 2°$。球面曲柄摇杆机构的基本尺寸型约束条件为

$$0° < \alpha < 90°, \quad 0° < \beta < 90°, \quad 0° < \gamma < 90°, \quad 0° < \xi < 90° \tag{5.2.4}$$

$$\alpha + \xi < \beta + \gamma \tag{5.2.5}$$

$$\alpha < \beta, \quad \alpha < \gamma, \quad \beta < \xi, \quad \gamma < \xi \tag{5.2.6}$$

由于球面曲柄摇杆机构基本尺寸型数据库存储的球面四杆机构均存在曲柄,因此动态自适应图谱库的建立不受起始角和相对转动区间(输入构件相对起始角的转动区间)的限制,无需考虑机构缺陷问题,进而根据 3.2.3 节提出的方法建立球面四杆机构输出函数曲线的动态自适应图谱库。若给定设计条件为参数方程,可以根据给定目标机构的相对转动区间,对基本尺寸型数据库中存储的球面四杆机构相应区间内的输出函数曲线进行离散化采样(采样点数为 64 个),进而利用 Db1小波对采样点进行小波变换,提取输出小波特征参数,建立动态自适应图谱库。若给定设计条件为精确点,根据小波分解理论,首先需要将精确点延拓,使精确点个数为 2 的整数次幂,进而利用 Db1 小波对延拓后的精确点进行小波变换,提

取后 3 级小波细节系数作为给定精确点的输出小波特征参数。然后，根据给定相对转动区间，对基本尺寸型数据库中存储的球面四杆机构相应相对转动区间内的输出函数曲线进行采样和延拓。对延拓后的采样点进行小波变换，提取输出小波特征参数，建立动态自适应图谱库。小波分解级数 j 可以表示为

$$j = \text{int}(\log_2^n) + 1 \tag{5.2.7}$$

式中，n 为给定精确点个数；int 为取整函数。

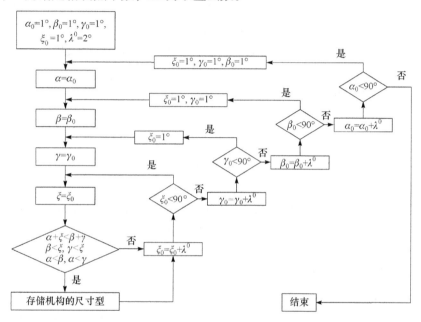

图 5.2.2　球面四杆机构基本尺寸型数据库的建立

　　最后，通过计算给定设计条件的输出小波特征参数与动态自适应图谱库中存储的输出小波特征参数的误差值，输出若干组综合结果。

5.2.3　球面四杆机构函数综合步骤

　　由于图谱库是以一定步长建立的，数据库中基本尺寸型和机构起始角是离散的，因此我们利用遗传算法对所得机构的基本尺寸型和起始角进行优化。优化目标函数为

$$\delta_1\left(\alpha_{GA}, \beta_{GA}, \gamma_{GA}, \xi_{GA}, \theta'_{GA}\right) = \min \sum_{J=j-2}^{j} \sum_{l=1}^{2^{j-J}} \left| d_{(J,l)} - d'_{(J,l)} \right| \tag{5.2.8}$$

式中，$d_{(J,l)}$ 为给定目标函数曲线的输出小波特征参数；$d'_{(J,l)}$ 为优化变量生成的球

面曲柄摇杆机构的输出小波特征参数；α_{GA}、β_{GA}、γ_{GA}、ξ_{GA}、θ'_{GA} 为优化变量。

优化变量的约束条件为

$$\alpha - \lambda^0 < \alpha_{GA} < \alpha + \lambda^0 \tag{5.2.9}$$

$$\beta - \lambda^0 < \beta_{GA} < \beta + \lambda^0 \tag{5.2.10}$$

$$\gamma - \lambda^0 < \gamma_{GA} < \gamma + \lambda^0 \tag{5.2.11}$$

$$\xi - \lambda^0 < \xi_{GA} < \xi + \lambda^0 \tag{5.2.12}$$

$$\theta'_1 - \lambda^1 < \theta'_{GA} < \theta'_1 + \lambda^1 \tag{5.2.13}$$

式中，α、β、γ、ξ、θ'_1 为模糊识别可得的目标机构基本尺寸型及机构起始角；λ^0 为基本尺寸型数据库中各构件变化步长；λ^1 为起始角的变化步长。

为保证优化后的球面四杆机构没有缺陷，优化变量还需满足如下约束条件，即

$$0° < \alpha_{GA} < 90°, \quad 0° < \beta_{GA} < 90°, \quad 0° < \gamma_{GA} < 90°, \quad 0° < \xi_{GA} < 90° \tag{5.2.14}$$

$$\alpha_{GA} + \xi_{GA} < \beta_{GA} + \gamma_{GA} \tag{5.2.15}$$

$$\alpha_{GA} < \beta_{GA}, \quad \alpha_{GA} < \gamma_{GA}, \quad \beta_{GA} < \xi_{GA}, \quad \gamma_{GA} < \xi_{GA} \tag{5.2.16}$$

根据上述目标方程和约束条件，对模糊识别出的目标机构基本尺寸型及起始角进行优化，可以实现球面四杆机构非整周期函数综合问题的求解。综合流程如图 5.2.3 所示。具体步骤如下。

① 根据给定设计要求，对目标函数曲线的采样点值或给定精确点值进行小波变换，提取后 3 级小波细节系数作为输出小波特征参数，描述给定设计要求。

② 根据球面多边形几何关系，建立包含 148 995 组基本尺寸型的球面曲柄摇杆机构数据库。

③ 根据给定设计条件，以 1° 为起始角的初始值，1° 为变化步长，建立包含 53 638 200 组球面曲柄摇杆机构输出函数曲线的动态自适应图谱库。图谱库包含基本尺寸型和输入角，以及对应的输出小波特征参数。

④ 计算给定目标函数曲线的输出小波特征参数与自适应图谱库中存储的输出小波特征参数的误差值。输出误差值最小的若干组机构基本尺寸型和机构起始角。误差函数为

$$\delta = \sum_{J=j-2}^{j} \sum_{l=1}^{2^{j-J}} \left[d_{(J,l)} - d'_{(J,l)} \right]^2 \tag{5.2.17}$$

式中，$d_{(J,l)}$ 为给定目标函数曲线的输出小波特征参数；$d'_{(J,l)}$ 为动态自适应图谱库中存储的输出小波特征参数。

⑤ 利用遗传算法对步骤④所得的目标机构基本尺寸型及起始角进行优化，种

群大小为 1000，交叉概率为 0.08，采用两点交叉算子，几何规划排序选择，遗传迭代次数为 1000 代。

⑥ 根据步骤⑤所得的目标机构尺寸参数，计算目标机构的小波近似系数和给定函数曲线的小波近似系数的差值，可得目标机构机架的安装角度。最终实现球面四杆机构非整周期函数综合问题的求解。安装角度为

$$\theta_{ia} = a_{(j,1)} - a'_{(j,1)} \tag{5.2.18}$$

式中，$a_{(j,1)}$ 为给定目标函数曲线的 j 级小波近似系数；$a'_{(j,1)}$ 为综合结果生成曲柄摇杆机构输出函数曲线的 j 级小波近似系数。

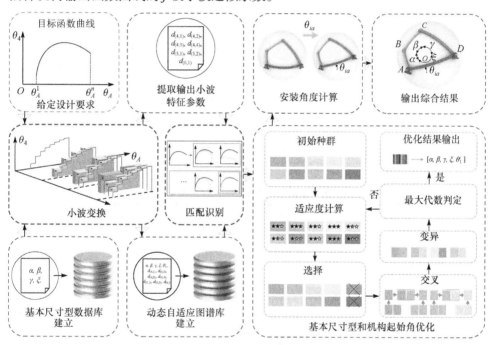

图 5.2.3　综合流程

5.2.4　球面四杆机构函数综合算例

为验证上述理论方法的正确性，算例以文献[6]给出的函数曲线作为设计条件，对球面四杆机构进行函数综合。目标曲线的参数方程为

$$\theta_4 = 360°/\pi + \theta_A, \quad 0° \leqslant \theta_A < 360°$$

文献[6]利用傅里叶级数法对整周期输出函数曲线进行综合，综合结果如表 5.2.1 所示。给定整周期函数曲线及傅里叶级数法综合结果如图 5.2.4 所示。由此可知，傅里叶级数法所得综合结果在整周期上与给定函数曲线的拟合情况较好。但是，在输入构件转角为 $\theta_A \in [74°, 114°]$ 的区间上，傅里叶级数法误差较

大(图 5.2.5 和图 5.2.6)。利用我们提出的输出小波特征参数法，对非整周期设计
要求($\theta_A \in [74°，114°]$)的球面四杆机构进行函数综合，结果如表 5.2.2 所示。输出
小波特征参数法综合结果对比图如图 5.2.7 所示。输出小波特征参数法综合结果误
差图如图 5.2.8 所示。由此可知，我们提出的输出小波特征参数法可以实现球面四
杆机构非整周期函数综合问题的求解，并且综合结果具有较高的精度。

表 5.2.1　傅里叶级数法综合结果

序号	$\alpha/(°)$	$\gamma/(°)$	$\beta/(°)$	$\xi/(°)$	$\theta'_1/(°)$
1	90.64	23.78	89.51	19.94	191.78
2	90.77	16.69	89.49	11.14	191.78
3	89.54	13.56	90.97	14.56	184.26
4	90.64	22.88	89.54	18.95	191.94
5	90.67	25.94	89.52	22.38	192.05
6	90.00	30.62	90.00	28.68	191.25
7	90.15	28.75	89.88	26.36	191.48
8	90.89	20.57	89.24	15.67	192.12
9	89.97	15.25	90.02	15.31	185.52
10	89.74	19.32	89.28	14.33	197.10

表 5.2.2　非整周期函数综合结果

序号	$\alpha/(°)$	$\gamma/(°)$	$\beta/(°)$	$\xi/(°)$	$\theta'_1/(°)$
1	30.7979	40.1255	34.4440	41.8324	116.7874
2	33.3383	40.8971	38.8827	44.3505	120.1768
3	30.2876	47.7301	35.7833	51.2205	120.2993
4	30.5016	41.5556	34.4268	43.5708	117.6054

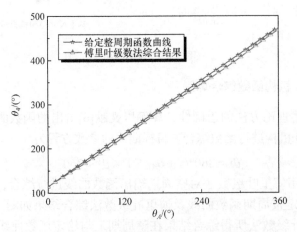

图 5.2.4　给定整周期函数曲线及傅里叶级数法综合结果

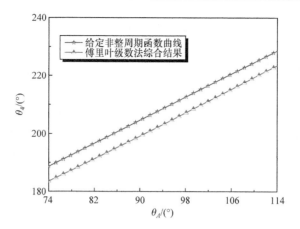

图 5.2.5 傅里叶级数法综合结果对比图

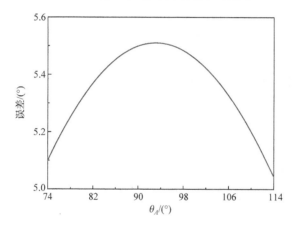

图 5.2.6 傅里叶级数法综合结果误差图

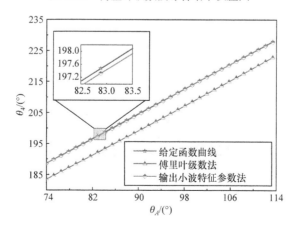

图 5.2.7 输出小波特征参数法综合结果对比图

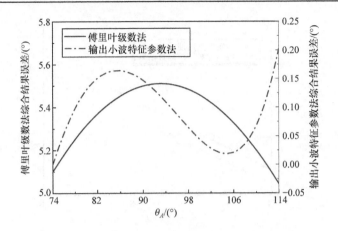

图 5.2.8　输出小波特征参数法综合结果误差图

5.3　球面四杆机构非整周期设计要求轨迹综合

5.3.1　球面四杆机构输出轨迹曲线的数学模型

图 5.3.1 为标准安装位置球面四杆机构示意图。其中，AB 为输入构件，BC 为连杆，CD 为连架杆，AD 为机架，AB 对应的圆心角为α，BC 对应的圆心角为 β，CD 对应的圆心角为 γ，AD 对应的圆心角为 ξ，P 为连杆上任意一点，θ_{BP} 和 θ_P 为连杆上 P 点的位置参数，θ_{BP} 为 BP 对应的圆心角，θ_P 为 BC 与 BP 的夹角。$Oxyz$ 为固定坐标系，其中坐标原点 O 点与球心重合，x 轴与输入构件的旋转轴重合，

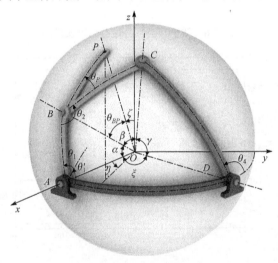

图 5.3.1　标准安装位置球面四杆机构示意图

Oxy 平面与 AD 所在平面重合，θ_1' 为机构起始角，θ_1 为机构输入角，θ_2 为连杆转角。令 P 点到坐标原点 O 的距离为单位长度，P 点位置可由球面坐标系的仰角 ζ 和方位角 η 表示为

$$\zeta = 90° - \arcsin[\sin\theta_{AP}\sin(\theta_A - \theta_{PAB})] \tag{5.3.1}$$

$$\eta = \arctan[\sin\theta_{AP}\cos(\theta_A - \theta_{PAB})/\cos\theta_{AP}] \tag{5.3.2}$$

式中

$$\theta_A = \theta_1' + \theta_1$$

$$\theta_{AP} = \arccos\left[\cos\alpha\cos\theta_{BP} + \sin\alpha\sin\theta_{BP}\cos(\theta_2 + \theta_P)\right]$$

$$\theta_{PAB} = \arctan\left[\frac{\sin\theta_{BP}\sin(\theta_2 + \theta_P)\cos\alpha}{-\sin\theta_{BP}\cos(\theta_2 + \theta_P) + \sin\alpha\cos\theta_{AP}}\right]$$

根据球面三角公式，连杆转角 θ_2(即输入构件 AB 与连杆 BC 之间夹角)可以表示为

$$\theta_2 = 180° - 2\arctan\left[\frac{-(\overline{X}_4\cos\theta_A + \overline{Y}_4\sin\theta_A)}{\cos\alpha(\overline{X}_4\sin\theta_A - \overline{Y}_4\cos\theta_A) - \overline{Z}_4\sin\alpha + \sin\beta}\right] \tag{5.3.3}$$

式中，$\overline{X}_4 = \sin\gamma\sin\theta_4$；$\overline{Y}_4 = -(\sin\xi\cos\gamma + \cos\xi\sin\gamma\cos\theta_4)$；$\overline{Z}_4 = \cos\xi\cos\gamma - \sin\gamma\cos\theta_4$。

球面四杆机构的输出角 θ_4 可以表示为

$$\theta_4 = 2\arctan\left[\frac{-X_1\sin\gamma + \sqrt{(\sin\gamma\sin\beta)^2 - (Z_1 - \cos\gamma\cos\beta)^2}}{Z_1\cos\gamma - Y_1\sin\gamma - \cos\beta}\right] \tag{5.3.4}$$

式中，$X_1 = \sin\alpha\sin\theta_A$；$Y_1 = -\sin\xi\cos\alpha + \cos\xi\sin\alpha\cos\theta_A$；$Z_1 = \cos\xi\cos\alpha + \sin\xi\sin\alpha\cos\theta_A$。

令输入构件相对起始角的最大转动角度为 θ_s，利用离散化处理方法对球面四杆机构连杆轨迹曲线进行采样，采样间隔为 $\theta_s/2^j$，采样点数为 2^j+1。第 m 个($m = 1, 2, \cdots, 2^j+1$)采样点的仰角 ζ_m 和方位角 η_m 可以表示为

$$\zeta_m = 90° - \arcsin\left\{\sin\theta_{AP}\left(\theta_A^m\right)\sin\left[\theta_A^m - \theta_{PAB}\left(\theta_A^m\right)\right]\right\} \tag{5.3.5}$$

$$\eta_m = \arctan\left\{\frac{\sin\theta_{AP}\left(\theta_A^m\right)\cos\left[\theta_A^m - \theta_{PAB}\left(\theta_A^m\right)\right]}{\cos\theta_{AP}\left(\theta_A^m\right)}\right\} \tag{5.3.6}$$

$$\theta_A^m = \theta_1' + \theta_1^m \tag{5.3.7}$$

$$\theta_{AP}\left(\theta_A^m\right) = \arccos\left[\cos\alpha\cos\theta_{BP} + \sin\alpha\sin\theta_{BP}\cos\left(\theta_2^m + \theta_P\right)\right] \tag{5.3.8}$$

$$\theta_{PAB}\left(\theta_A^m\right)=\arctan\left[\frac{\sin\theta_{BP}\sin\left(\theta_2^m+\theta_P\right)\cos\alpha}{-\sin\theta_{BP}\cos\left(\theta_2^m+\theta_P\right)+\sin\alpha\cos\theta_{AP}\left(\theta_A^m\right)}\right]\tag{5.3.9}$$

式中，θ_1^m 为第 m 个采样点对应的机构输入角；θ_2^m 为第 m 个采样点对应的连杆转角。

对于任意球面四杆机构连杆轨迹曲线，可以用相邻三个采样点构成的球面三角形表示轨迹曲线特点。如图 5.3.2 所示，P_Q 为球面四杆机构连杆轨迹曲线采样点($Q=1,2,\cdots,2^j-1$)，κ_Q 为以相邻二个采样点为顶点的劣弧所对应的圆心角(以 P_Q 和 P_{Q+1} 为顶点的劣弧所对应的圆心角)。我们定义 κ_Q 为球面四杆机构轨迹曲线上相邻二个采样点的特征角，简称邻点特征角。v_Q 为以相隔一点的二个采样点为顶点的劣弧所对应的圆心角(以 P_Q 和 P_{Q+2} 为顶点的劣弧所对应的圆心角)。我们定义 v_Q 为球面四杆机构轨迹曲线上相隔一点的二个采样点的特征角，简称隔点特征角。根据邻点特征角和隔点特征角的定义，对于任意球面四杆机构连杆轨迹曲线，采样点个数为 2^j+1 时，可提取 2^j 个邻点特征角，以及 2^j-1 个隔点特征角。由于我们采用二进制小波提取机构输出曲线的特征参数，因此利用对称延拓的方式对隔点特征角进行延拓，使隔点特征角的个数为 2^j，即延拓后的第 2^j 个隔点特征角为原轨迹曲线的第 2^j-2 个隔点特征角。根据几何关系，κ_Q 和 v_Q 可以表示为

$$\kappa_Q=\arccos[\cos\chi_{Q+1}\cos\chi_Q+\sin\chi_{Q+1}\sin\chi_Q\cos(\tau_{Q+1}-\tau_Q)]\tag{5.3.10}$$

$$v_Q=\arccos[\cos\chi_{Q+2}\cos\chi_Q+\sin\chi_{Q+2}\sin\chi_Q\cos(\tau_{Q+2}-\tau_Q)]\tag{5.3.11}$$

式中，$\chi_Q=\arccos[\cos(90°-\zeta_Q)\cos\eta_Q]$；$\tau_Q=\arctan\left[\dfrac{\sin(90°-\zeta_Q)}{\sin\eta_Q\cos(90°-\zeta_Q)}\right]$。

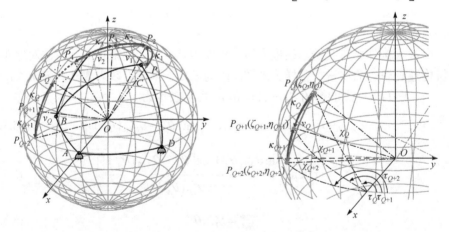

图 5.3.2　球面四杆机构连杆轨迹曲线采样点构成的球面三角形

我们将标准安装位置的球面四杆机构的机架分别绕 x 轴、y 轴、z 轴旋转 θ_x、θ_y、θ_z 可得一般安装位置的球面四杆机构(图5.3.3)。由于球面四杆机构的机架旋转对连杆轨迹曲线的形状没有影响，因此邻点特征角和隔点特征角只与球面四杆机构基本尺寸型(α、β、γ、ξ)，以及 P 点位置参数(θ_{BP} 和 θ_P)有关。我们定义上述参数为球面四杆机构特征尺寸型。除特征尺寸型，球面四杆机构的机架安装角度参数(θ_x、θ_y、θ_z)的改变对邻点特征角和隔点特征角没有影响，由此可以利用球面三角形劣弧对应的圆心角(邻点特征角和隔点特征角)表示特征尺寸型相同、机架安装角度参数不同的球面四杆机构连杆轨迹曲线。例如，两组给定机构特征尺寸型、机架安装角度参数及输入构件转角如下。

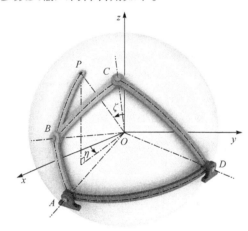

图5.3.3　一般安装位置球面四杆机构

第 1 组球面四杆机构特征尺寸型为 $\alpha=65°$，$\beta=75°$，$\gamma=77°$，$\xi=35°$，$\theta_P=90°$，$\theta_{BP}=90°$。机架安装角度参数为 $\theta_x=10°$，$\theta_y=50°$，$\theta_z=25°$。输入构件转角为 $\theta_A\in[70°,128.33°]$。

第 2 组球面四杆机构特征尺寸型为 $\alpha=65°$，$\beta=75°$，$\gamma=77°$，$\xi=35°$，$\theta_P=90°$，$\theta_{BP}=90°$。机架安装角度参数为 $\theta_x=70°$，$\theta_y=35°$，$\theta_z=20°$。输入构件转角为 $\theta_A\in[70°,128.33°]$。

上述两组给定球面四杆机构特征尺寸型及输入构件转角相同，但机构的机架安装角度参数不同。根据式(5.3.5)~式(5.3.11)，两组球面四杆机构连杆轨迹曲线的邻点特征角和隔点特征角如表5.3.1所示，其中 $j=2$。根据表5.3.1，两组机构的邻点特征角和隔点特征角完全相同。由此，我们可以利用邻点特征角和隔点特征角描述球面四杆机构轨迹曲线特点,将特征尺寸型相同的球面四杆机构聚类储存,为建立球面四杆机构连杆轨迹曲线的动态自适应图谱库提供基础。

表 5.3.1　两组球面四杆机构连杆轨迹曲线的邻点特征角和隔点特征角

特征角	第 1 组机构	第 2 组机构
	$\alpha=65°$，$\beta=75°$，$\gamma=77°$，$\zeta=35°$，$\theta_P=90°$，$\theta_{BP}=90°$，$\theta_x=10°$，$\theta_y=50°$，$\theta_z=25°$，$\theta_1'=70°$，$\theta_s=58.33°$	$\alpha=65°$，$\beta=75°$，$\gamma=77°$，$\zeta=35°$，$\theta_P=90°$，$\theta_{BP}=90°$，$\theta_x=70°$，$\theta_y=35°$，$\theta_z=20°$，$\theta_1'=70°$，$\theta_s=58.33°$
$\kappa_1/(°)$	7.55158373982425	7.55158373982425
$\kappa_2/(°)$	6.37702025980606	6.37702025980606
$\kappa_3/(°)$	5.18526804593395	5.18526804593395
$\kappa_4/(°)$	3.97059752025661	3.97059752025661
$v_1/(°)$	13.6936913036267	13.6936913036267
$v_2/(°)$	11.3445643435903	11.3445643435903
$v_3/(°)$	8.90949371428430	8.90949371428430
$v_4/(°)$	11.3445643435903	11.3445643435903

5.3.2　球面四杆机构输出轨迹曲线的小波分析

利用 Db1 小波对邻点特征角和隔点特征角进行 j 级小波分级，可得邻点特征角和隔点特征角的小波展开式，即

$$\kappa = \kappa_{a(j,1)}\phi_{(j,1)} + \sum_{J=1}^{j}\sum_{l=1}^{2^{j-J}} \kappa_{d(J,l)}\psi_{(J,l)} \tag{5.3.12}$$

$$v = v_{a(j,1)}\phi_{(j,1)} + \sum_{J=1}^{j}\sum_{l=1}^{2^{j-J}} v_{d(J,l)}\psi_{(J,l)} \tag{5.3.13}$$

式中，$\kappa_{a(j,1)}$ 为邻点特征角的小波近似系数；$\kappa_{d(J,l)}$ 为邻点特征角的 J 级小波细节系数；$v_{a(j,1)}$ 为隔点特征角的小波近似系数；$v_{d(J,l)}$ 为隔点特征角的 J 级小波细节系数；$\phi_{(j,1)}$ 为尺度函数；$\psi_{(J,l)}$ 为小波函数。

上述参数可以表示为

$$\kappa_{a(j,1)} = \frac{\kappa_1 + \cdots + \kappa_{2^j}}{2^j} \tag{5.3.14}$$

$$v_{a(j,1)} = \frac{v_1 + \cdots + v_{2^j}}{2^j} \tag{5.3.15}$$

$$\kappa_{d(J,l)} = \frac{\left(\kappa_{2^J l - 2^J + 1} + \cdots + \kappa_{2^J l - 2^{J-1}}\right) - \left(\kappa_{2^J l - 2^{J-1} + 1} + \cdots + \kappa_{2^J l}\right)}{2^J} \tag{5.3.16}$$

$$v_{d(J,l)} = \frac{\left(v_{2^J l - 2^J + 1} + \cdots + v_{2^J l - 2^{J-1}}\right) - \left(v_{2^J l - 2^{J-1} + 1} + \cdots + v_{2^J l}\right)}{2^J} \tag{5.3.17}$$

$$\phi_{(j,1)} = \phi\left(\frac{\theta_A - \theta_A^1}{\theta_s}\right) = \begin{cases} 1, & 0 \leqslant \dfrac{\theta_A - \theta_A^1}{\theta_s} < 1 \\ 0, & \text{其他} \end{cases} \quad (5.3.18)$$

$$\psi_{(J,l)} = \psi\left(2^{j-J}\frac{\theta_A - \theta_A^1}{\theta_s} - l + 1\right) = \begin{cases} 1, & 0 \leqslant 2^{j-J}\dfrac{\theta_A - \theta_A^1}{\theta_s} - l + 1 < \dfrac{1}{2} \\ -1, & \dfrac{1}{2} \leqslant 2^{j-J}\dfrac{\theta_A - \theta_A^1}{\theta_s} - l + 1 < 1 \\ 0, & \text{其他} \end{cases} \quad (5.3.19)$$

根据式(5.3.12)~式(5.3.19)，球面四杆机构的邻点特征角和隔点特征角可以用小波系数表示。由 2.5 节的研究可知，利用邻点特征角和隔点特征角的后 3 级小波细节系数和小波近似系数可以描述球面四杆机构连杆轨迹曲线特点。因此，我们将邻点特征角和隔点特征角的后 3 级(j–2 级、j–1 级和 j 级)小波细节系数和 j 级小波近似系数作为球面四杆机构轨迹曲线的输出小波特征参数建立动态自适应图谱库。

5.3.3　球面四杆机构轨迹曲线的动态自适应数值图谱库建立

由 5.3.1 节和 5.3.2 节的分析可知，球面四杆机构连杆轨迹曲线与 9 个参数有关(6 个特征尺寸型，即 α、β、γ、ξ、θ_P、θ_{BP}；3 个机架安装角度参数，即 θ_x、θ_y、θ_z)。利用邻点特征角和隔点特征角的小波系数描述球面四杆机构轨迹曲线，可以消除机架安装角度参数改变对轨迹曲线特征参数的影响。因此，结合数值图谱，可以将 9 维球面四杆机构轨迹综合问题转化为 6 维特征尺寸型检索问题。

由 3.3.3 节的研究可知，利用数值图谱法求解球面四杆机构轨迹综合问题时，综合结果的精度取决于图谱库中存储的特征尺寸型的数量。若按固定步长建立特征尺寸型数据库，数据库中特征尺寸型数量与尺寸型变化步长的取值成反比，即步长越大，数据库中特征尺寸型越少，综合结果的精度越低；步长越小，数据库中特征尺寸型越多，综合结果的精度越高，但匹配识别及数据储存负担越重。由文献[11]的研究可知，不同特征尺寸型的变化对球面四杆机构轨迹曲线形状的影响不同。因此，我们以固定步长建立特征尺寸型数据库，对数据库中的各特征尺寸型进行单独变换，进而研究各特征尺寸型的变化对邻点特征角和隔点特征角的影响。通过分析变换后特征尺寸型的邻点特征角和隔点特征角与原特征尺寸型的邻点特征角和隔点特征角之间的关系，我们发现，在特征尺寸型中，ξ 的变化对邻点特征角和隔点特征角的影响最大，α、β、γ 的变化对邻点特征角和隔点特征角的影响较小，θ_P 和 θ_{BP} 的变化对邻点特征角和隔点特征角的影响最小。例如，给定球形四杆机构的特征尺寸型为 α=41°、β=65°、γ=79°、ξ=17°、θ_P=50°、θ_{BP}=50°，以步长为$\lambda = 4°$对特征尺寸型进行等步长变换，可得各特征尺寸型对邻点特征角的影响，如图 5.3.4 所示。由此可知，ξ 的变化对邻点特征角的影响最大，α、β、γ 的变化对邻点特征角的影响较小，θ_P 和 θ_{BP} 的变化对邻点特征角的影响最小。

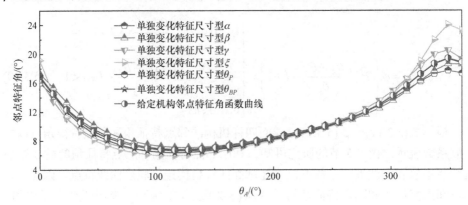

图 5.3.4　　各特征尺寸型对邻点特征角的影响

根据上述分析，我们可以建立球面四杆机构变步长特征尺寸型数据库。与传统的机构尺寸型数据库不同，在变步长特征尺寸型数据库中，各特征尺寸型的初始值及变化步长不同。球面四杆机构基本尺寸型 α、β、γ、ξ 的初始值为 1°，θ_P 和 θ_{BP} 的初始值为 10°，α 和 γ 的变化步长为 $\lambda_1 = 4°$，β 和 ξ 的变化步长为 $\lambda_2 = 2°$，θ_P 和 θ_{BP} 的变化步长为 $\lambda_3 = 20°$。根据球面四杆机构曲柄存在条件，满足条件的球面四杆机构共有 601 825 组。

5.3.4　综合步骤及目标机构的机架安装角度参数计算

利用我们提出的球面四杆机构连杆轨迹曲线输出小波特征参数提取方法及动态自适应图谱库建立方法，对目标机构进行轨迹综合，具体综合步骤如下(图 5.3.5)。

① 根据给定的设计要求，对目标轨迹曲线的邻点特征角和隔点特征角进行小波变换，提取轨迹曲线的输出小波特征参数。

② 建立球面四杆机构轨迹曲线的动态自适应数据库，图谱库中存储的每组数据包括 1 个特征尺寸型编号和 16 个输出小波特征参数。

③ 根据给定轨迹曲线的输出小波特征参数与图谱库中存储的输出小波特征参数的误差，输出多组误差最小的特征尺寸型。误差函数为

$$\delta = \left[\kappa_{a(j,1)} - \kappa'_{a(j,1)}\right]^2 + \left[\nu_{a(j,1)} - \nu'_{a(j,1)}\right]^2$$

$$+ \sum_{J=3}^{j}\left\{\left[\kappa_{d(J,l)} - \kappa'_{d(J,l)}\right]^2 + \left[\nu_{d(J,l)} - \nu'_{d(J,l)}\right]^2\right\} \tag{5.3.20}$$

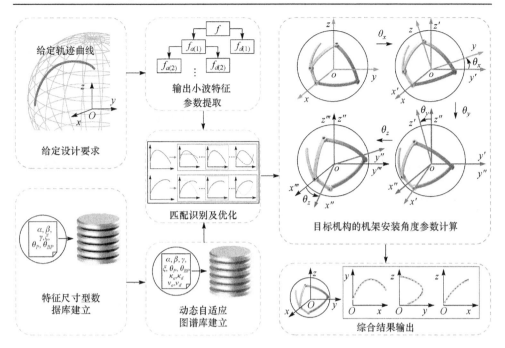

图 5.3.5 球面四杆机构轨迹综合步骤

式中，$\kappa_{a(j,\,1)}$ 和 $\nu_{a(j,\,1)}$ 为给定轨迹曲线的邻点特征角和隔点特征角的小波近似系数；$\kappa_{d(J,\,1)}$ 和 $\nu_{d(J,l)}$ 为给定轨迹曲线的邻点特征角和隔点特征角的小波细节系数；$\kappa'_{a(j,\,1)}$ 和 $\nu'_{a(j,1)}$ 为特征尺寸型生成机构连杆轨迹曲线的邻点特征角和隔点特征角的小波近似系数；$\kappa'_{d(J,\,l)}$ 和 $\nu'_{d(J,l)}$ 为特征尺寸型生成机构连杆轨迹曲线的邻点特征角和隔点特征角的小波细节系数。

④ 由于建立的动态自适应图谱库中的特征尺寸型是离散的，利用遗传算法对步骤③所得的目标机构特征尺寸型进行优化。

⑤ 根据给定轨迹曲线和优化后的特征尺寸型生成球面四杆机构连杆轨迹曲线的几何关系，计算目标机构的机架安装角度参数（θ_x，θ_y，θ_z）。具体步骤如下。

步骤 1，根据设计要求，提取轨迹曲线上第 i 个和第 m 个采样点，如图 5.3.6(a) 所示。以 P_i 和 P_m 为顶点的劣弧对应的圆心角 θ_{im} 可以表示为

$$\theta_{im} = \arccos\left[x\left(\theta_A^i\right) x\left(\theta_A^m\right) + y\left(\theta_A^i\right) y\left(\theta_A^m\right) + z\left(\theta_A^i\right) z\left(\theta_A^m\right) \right] \tag{5.3.21}$$

式中，$x\left(\theta_A^i\right)$、$y\left(\theta_A^i\right)$、$z\left(\theta_A^i\right)$ 为第 i 个采样点 P_i 的坐标；$x\left(\theta_A^m\right)$、$y\left(\theta_A^m\right)$、$z\left(\theta_A^m\right)$ 为第 m 个采样点 P_m 的坐标。

如图 5.3.6(b) 所示，以采样点 P_i 和 P_m 及坐标原点 O 建立平面 PL_1，V 为过坐标原点 O 的平面 PL_1 的法向量。法向量 V 与球面的交点 P_{nv} 坐标 $(x_{nv},\ y_{nv},\ z_{nv})$ 可

以表示为

$$x_{nv} = \left[y\left(\theta_A^i\right) z\left(\theta_A^m\right) - y\left(\theta_A^m\right) z\left(\theta_A^i\right) \right] H \tag{5.3.22}$$

$$y_{nv} = -\left[x\left(\theta_A^i\right) z\left(\theta_A^m\right) - x\left(\theta_A^m\right) z\left(\theta_A^i\right) \right] H \tag{5.3.23}$$

$$z_{nv} = \left[x\left(\theta_A^i\right) y\left(\theta_A^m\right) - x\left(\theta_A^m\right) y\left(\theta_A^i\right) \right] H \tag{5.3.24}$$

式中，$H = 1 \Big/ \Big\{ \left[x\left(\theta_A^i\right) y\left(\theta_A^m\right) - x\left(\theta_A^m\right) y\left(\theta_A^i\right) \right]^2 + \left[x\left(\theta_A^i\right) z\left(\theta_A^m\right) - x\left(\theta_A^m\right) z\left(\theta_A^i\right) \right]^2 + \left[y\left(\theta_A^i\right) \right.$

$\left. z\left(\theta_A^m\right) - y\left(\theta_A^m\right) z\left(\theta_A^i\right) \right]^2 \Big\}^{1/2}$ 。

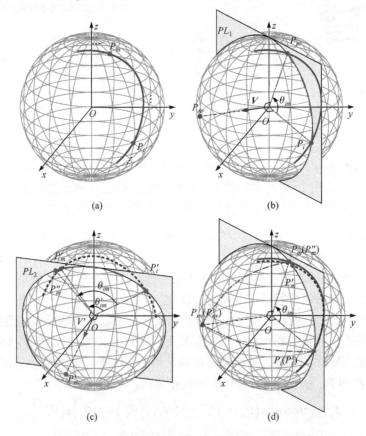

(a)　　　　　　　　　　　　　　(b)

(c)　　　　　　　　　　　　　　(d)

图 5.3.6　目标机构的机架安装角度参数计算步骤

　　步骤 2，根据所得综合结果，提取特征尺寸型生成机构轨迹曲线第 i 个采样点 P_i' 和第 m 个采样点 P_m'，如图 5.3.6(c)所示。以采样点 P_i' 和 P_m' 及坐标原点 O 建立平面 PL_2，V' 为过坐标原点 O 的平面 PL_2 的法向量。以 P_i' 和 P_m' 为顶点的劣弧

所对应的圆心角 θ'_{im} 可以表示为

$$\theta'_{im} = \arccos\left[x'\left(\theta_A^i\right)x'\left(\theta_A^m\right) + y'\left(\theta_A^i\right)y'\left(\theta_A^m\right) + z'\left(\theta_A^i\right)z'\left(\theta_A^m\right) \right] \quad (5.3.25)$$

式中，$x'\left(\theta_A^i\right)$、$y'\left(\theta_A^i\right)$、$z'\left(\theta_A^i\right)$ 为第 i 个采样点 P'_i 的坐标；$x'\left(\theta_A^m\right)$、$y'\left(\theta_A^m\right)$、$z'\left(\theta_A^m\right)$ 为第 m 个采样点 P'_m 的坐标。

根据式(5.3.22)～式(5.3.24)，法向量 V' 与球面的交点 P'_{nv} 坐标(x'_{nv}, y'_{nv}, z'_{nv})可以表示为

$$x'_{nv} = \left[y'\left(\theta_A^i\right)z'\left(\theta_A^m\right) - y'\left(\theta_A^m\right)z'\left(\theta_A^i\right) \right]H' \quad (5.3.26)$$

$$y'_{nv} = -\left[x'\left(\theta_A^i\right)z'\left(\theta_A^m\right) - x'\left(\theta_A^m\right)z'\left(\theta_A^i\right) \right]H' \quad (5.3.27)$$

$$z'_{nv} = \left[x'\left(\theta_A^i\right)y'\left(\theta_A^m\right) - x'\left(\theta_A^m\right)y'\left(\theta_A^i\right) \right]H' \quad (5.3.28)$$

式中，$H' = 1\Big/\Big\{\left[x'\left(\theta_A^i\right)y'\left(\theta_A^m\right) - x'\left(\theta_A^m\right)y'\left(\theta_A^i\right) \right]^2 + \left[x'\left(\theta_A^i\right)z'\left(\theta_A^m\right) - x'\left(\theta_A^m\right)z'\left(\theta_A^i\right) \right]^2 +$

$\left[y'\left(\theta_A^i\right)z'\left(\theta_A^m\right) - y'\left(\theta_A^m\right)z'\left(\theta_A^i\right) \right]^2\Big\}^{1/2}$ 。

将点 P'_m 绕法向量 V' 旋转 $\Delta\theta_{im}$ ($\Delta\theta_{im} = \theta_{im} - \theta'_{im}$)，可得点 P''_m。以 P'_i 和 P''_m 为顶点的劣弧所对应的圆心角为 θ_{im}。点 P''_m 的坐标可以表示为

$$\left[x''\left(\theta_A^m\right), y''\left(\theta_A^m\right), z''\left(\theta_A^m\right) \right] = \left[x'\left(\theta_A^i\right), y'\left(\theta_A^i\right), z'\left(\theta_A^i\right) \right]\boldsymbol{M}^{\mathrm{T}} \quad (5.3.29)$$

$$\boldsymbol{M} = \boldsymbol{S}_1 + \cos\theta_{im}(\boldsymbol{I}_{3\times3} - \boldsymbol{S}_1) + \sin\theta_{im}\boldsymbol{S}_2 \quad (5.3.30)$$

式中

$$\boldsymbol{S}_1 = \begin{bmatrix} x'_{nv} \\ y'_{nv} \\ z'_{nv} \end{bmatrix}\begin{bmatrix} x'_{nv} & y'_{nv} & z'_{nv} \end{bmatrix}$$

$$\boldsymbol{S}_2 = \begin{bmatrix} 0 & -z'_{nv} & y'_{nv} \\ z'_{nv} & 0 & -x'_{nv} \\ -y'_{nv} & x'_{nv} & 0 \end{bmatrix}$$

步骤 3，根据几何关系可知，球面三角形 $P'_i P''_m P'_n$ 和 $P_i P_m P_{nv}$ 全等，因此可以将球面三角形 $P'_i P''_m P'_n$ 绕 x 轴、y 轴、z 轴分别进行旋转，使球面三角形 $P'_i P''_m P'_n$ 与 $P_i P_m P_{nv}$ 重合。球面三角形 $P'_i P''_m P'_n$ 绕三个坐标轴旋转的角度就是目标机构的机架安装角度参数。根据空间坐标旋转公式，安装角度参数(θ_x, θ_y, θ_z)的理论计算公式为

$$\theta_x = \arctan\left[\frac{R_{(2,3)}}{R_{(3,3)}} \right] \quad (5.3.31)$$

$$\theta_y = \arctan\left[\frac{-R_{(1,3)}}{\sqrt{R_{(2,3)}^2 + R_{(3,3)}^2}}\right] \tag{5.3.32}$$

$$\theta_z = \arctan\left[\frac{R_{(1,2)}}{R_{(1,1)}}\right] \tag{5.3.33}$$

式中

$$R_{(2,3)} = \left[z''\left(\theta_A^m\right)x'_{nv} - z'_{nv}x''\left(\theta_A^m\right)\right]z\left(\theta_A^i\right) - \left[z'\left(\theta_A^i\right)x'_{nv} - z'_{nv}x'\left(\theta_A^i\right)\right]z\left(\theta_A^m\right)$$
$$+ \left[z'\left(\theta_A^i\right)x''\left(\theta_A^m\right) - z''\left(\theta_A^m\right)x'\left(\theta_A^i\right)\right]z_{nv}$$

$$R_{(3,3)} = \left[x''\left(\theta_A^m\right)y'_{nv} - x'_{nv}y''\left(\theta_A^m\right)\right]z\left(\theta_A^i\right) - \left[x'\left(\theta_A^i\right)y'_{nv} - x'_{nv}y'\left(\theta_A^i\right)\right]z\left(\theta_A^m\right)$$
$$+ \left[x'\left(\theta_A^i\right)y''\left(\theta_A^m\right) - x''\left(\theta_A^m\right)y'\left(\theta_A^i\right)\right]z_{nv}$$

$$R_{(1,3)} = \left[y''\left(\theta_A^m\right)z'_{nv} - y'_{nv}z''\left(\theta_A^m\right)\right]z\left(\theta_A^i\right) - \left[y'\left(\theta_A^i\right)z'_{nv} - y'_{nv}z'\left(\theta_A^i\right)\right]z\left(\theta_A^m\right)$$
$$+ \left[y'\left(\theta_A^i\right)z''\left(\theta_A^m\right) - y''\left(\theta_A^m\right)z'\left(\theta_A^i\right)\right]z_{nv}$$

$$R_{(1,2)} = \left[y''\left(\theta_A^m\right)z'_{nv} - y'_{nv}z''\left(\theta_A^m\right)\right]y\left(\theta_A^i\right) - \left[y'\left(\theta_A^i\right)z'_{nv} - y'_{nv}z'\left(\theta_A^i\right)\right]y\left(\theta_A^m\right)$$
$$+ \left[y'\left(\theta_A^i\right)z''\left(\theta_A^m\right) - y''\left(\theta_A^m\right)z'\left(\theta_A^i\right)\right]y_{nv}$$

$$R_{(1,1)} = \left[y''\left(\theta_A^m\right)z'_{nv} - y'_{nv}z''\left(\theta_A^m\right)\right]x\left(\theta_A^i\right) - \left[y'\left(\theta_A^i\right)z'_{nv} - y'_{nv}z'\left(\theta_A^i\right)\right]x\left(\theta_A^m\right)$$
$$+ \left[y'\left(\theta_A^i\right)z''\left(\theta_A^m\right) - y''\left(\theta_A^m\right)z'\left(\theta_A^i\right)\right]x_{nv}$$

根据 2.5 节的研究，对于给定设计条件为参数方程的轨迹综合问题，我们提取 65 个采样点描述给定轨迹曲线。为减小综合结果的误差，选取第 16 个和第 48 个采样点对目标球面四杆机构的机架安装角度参数进行计算。

5.3.5　球面四杆机构轨迹综合算例

本节给出 4 个球面四杆机构非整周期轨迹综合算例。在算例 1 和算例 2 中，目标轨迹曲线由参数方程形式给出。在算例 3 和算例 4 中，分别将文献[10]和[11]给出的目标轨迹曲线作为设计条件，对球面四杆机构进行轨迹综合。在算例 3 中，利用 CATIA V5R20 软件对综合结果进行装配和仿真。通过仿真模块中的传感器对仿真模型的连杆轨迹曲线的坐标值进行测量，所得测量值与综合结果的理论值一致，从而证明本节提出的理论方法的正确性。比较算例 3 和文献[10]，以及算例 4 和文献[11]所得综合结果的精度可以发现，对于球面四杆机构非整周期轨迹综合问题，我们提出的方法可以提供精度更高的综合结果，从而证明我们提出的理论方法的实用性和有效性。

1. 算例 1

目标轨迹曲线的参数方程为

$$x = \sin\varsigma\cos\eta$$
$$y = \sin\varsigma\sin\eta$$
$$z = \cos\varsigma$$

式中，$\varsigma = (1-3t^2/\pi-5t/\pi-\mathrm{e}^t/\pi)\times180°$；$\eta = [3\sin(\pi t/3)/\pi-t/6]\times180°$，$t \in [0,0.1]$。

根据 5.3.2 节和 5.3.3 节提出的理论方法，提取目标轨迹曲线的输出小波特征参数，并建立球面四杆机构连杆轨迹曲线动态自适应图谱库。通过对比给定轨迹曲线输出小波特征参数与图谱库中储存的输出小波特征参数的误差，输出 2 组误差最小的特征尺寸型。进而，利用遗传算法对所得特征尺寸型进行优化，并根据理论公式计算目标机构的机架安装角度。所得综合结果如表 5.3.2 所示。综合过程所用时间为 385.2761 s。图 5.3.7 为第 1 组综合结果的连杆轨迹曲线与目标轨迹曲线的拟合图。其中，实线为给定轨迹曲线，圆点为综合结果生成机构的连杆轨迹曲线。图 5.3.8 为第 1 组综合结果的误差图。

表 5.3.2　算例 1 综合结果

目标机构特征尺寸型、起始角及机架安装角度参数	第 1 组 $\delta = 1.0862\times10^{-6}$	第 2 组 $\delta = 3.4619\times10^{-6}$
$\alpha/(°)$	25.0151	28.6573
$\beta/(°)$	78.3339	38.6443
$\gamma/(°)$	80.7277	40.7800
$\xi/(°)$	21.2711	20.6352
$\theta_P/(°)$	7.9731	15.1325
$\theta_{BP}/(°)$	89.2875	81.5614
$\theta_1'/(°)$	116.3720	97.6841
$\theta_x/(°)$	266.1859	287.9568
$\theta_y/(°)$	316.6605	310.6198
$\theta_z/(°)$	280.7252	295.7936

2. 算例 2

目标轨迹曲线的参数方程为

$$x = -\sin65°\sin(-0.4685\theta+173.1994)$$

$$y = \sin\theta\cos(-0.4685\theta+173.1994°)+\cos65°\cos\theta\sin(-0.4685\theta+173.1994°)$$

$$z = -\cos\theta\cos(-0.4685\theta+173.1994°)+\cos65°\sin\theta\sin(-0.4685\theta+173.1994°)$$

式中，$\theta \in [140°,\ 215°]$。

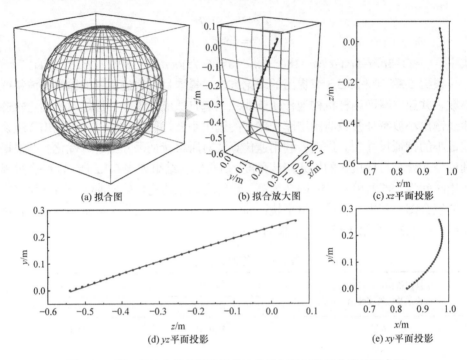

(a) 拟合图   (b) 拟合放大图   (c) xz 平面投影

(d) yz 平面投影   (e) xy 平面投影

图 5.3.7 第 1 组综合结果的连杆轨迹曲线与目标轨迹曲线的拟合图

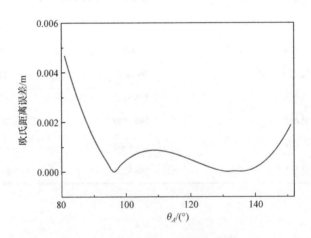

图 5.3.8 第 1 组综合结果的误差图

根据我们提出的方法对目标机构进行轨迹综合，算例 2 综合结果如表 5.3.3

所示。综合过程所用时间为 372.1627 s。第 1 组综合结果连杆轨迹曲线与目标轨迹曲线的拟合图如图 5.3.9 所示。其中，实线为给定轨迹曲线，圆点为综合结果的连杆轨迹曲线。图 5.3.10 为第 1 组综合结果的误差图。

表 5.3.3　算例 2 综合结果

目标机构特征尺寸型、起始角及机架安装角度参数	第 1 组	第 2 组	第 3 组
	$\delta=8.1855\times10^{-5}$	$\delta=8.3657\times10^{-5}$	$\delta=8.2239\times10^{-5}$
$\alpha/(°)$	61.5354	61.1614	61.4351
$\beta/(°)$	46.1467	32.9644	45.6279
$\gamma/(°)$	91.2263	81.8778	90.4689
$\xi/(°)$	17.6438	12.3633	17.6198
$\theta_P/(°)$	42.6526	42.7078	43.3218
$\theta_{BP}/(°)$	92.5999	92.9163	92.6094
$\theta_1'/(°)$	61.2923	50.6836	61.3132
$\theta_x/(°)$	75.2316	84.8002	76.5216
$\theta_y/(°)$	357.9896	357.3274	358.6861
$\theta_z/(°)$	359.3073	359.3391	359.1458

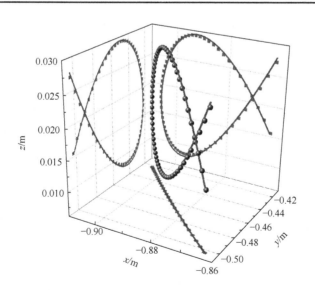

图 5.3.9　第 1 组综合结果连杆轨迹曲线与目标轨迹曲线的拟合图

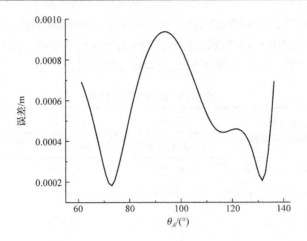

图 5.3.10　第 1 组综合结果的误差图

3. 算例 3

本算例以文献[10]中给出的轨迹曲线作为设计条件对球面四杆机构进行轨迹综合。给定轨迹曲线的参数方程为

$$x = \sin\varsigma\cos\eta$$
$$y = \sin\varsigma\sin\eta$$
$$z = \cos\varsigma$$

式中，$\varsigma = \arccos[\sin45°\sin23.5° + \cos45°\cos23.5°\cos(180° - 15°t)]$；$\eta = \arcsin[\cos23.5°\sin(180° - 15°t)/\sin\varsigma]$，$t \in [8.5, 15]$。

算例 3 综合结果如表 5.3.4 所示。综合过程所用时间为 391.1126 s。利用 CATIA V5R20 软件对第 1 组综合结果进行装配和仿真。给定轨迹曲线如图 5.3.11 所示。第 1 组综合结果的 CATIA 仿真轨迹曲线如图 5.3.12 所示。图 5.3.13 为第 1 组综合结果的连杆轨迹曲线及文献[10]综合结果连杆轨迹曲线与给定轨迹曲线的对比图和误差图。比较两种综合方法的设计结果可知，我们提出的基于输出小波特征参数的轨迹综合方法可以得到精度更高的综合结果。

表 5.3.4　算例 3 综合结果

目标机构特征尺寸型、起始角及机架安装角度参数	第 1 组	第 2 组	第 3 组
	$\delta = 5.5106917 \times 10^{-4}$	$\delta = 4.037315 \times 10^{-3}$	$\delta = 2.409613 \times 10^{-4}$
$\alpha/(°)$	61.211996	64.505606	74.947025
$\beta/(°)$	86.563231	68.097650	65.724610

续表

目标机构特征尺寸型、起始角及机架安装角度参数	第1组 $\delta=5.5106917\times10^{-4}$	第2组 $\delta=4.037315\times10^{-3}$	第3组 $\delta=2.409613\times10^{-4}$
$\gamma/(°)$	86.653514	68.603150	66.001910
$\xi/(°)$	52.827790	53.990853	53.649692
$\theta_P/(°)$	340.622555	4.559658	3.799504
$\theta_{BP}/(°)$	7.172235	7.854188	8.946556
$\theta_1'/(°)$	243.917255	19.209375	190.135165
$\theta_x/(°)$	157.672416	205.770797	217.681103
$\theta_y/(°)$	316.855763	40.532736	314.763920
$\theta_z/(°)$	180.642979	182.871728	180.174615

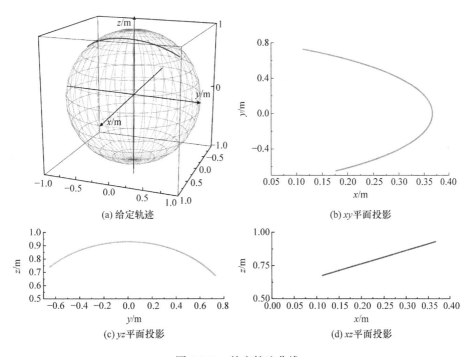

(a) 给定轨迹

(b) xy平面投影

(c) yz平面投影

(d) xz平面投影

图 5.3.11 给定轨迹曲线

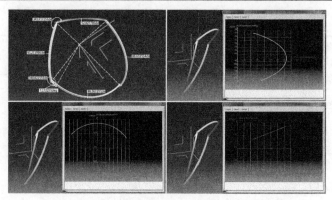

图 5.3.12 第 1 组综合结果的 CATIA 仿真轨迹曲线

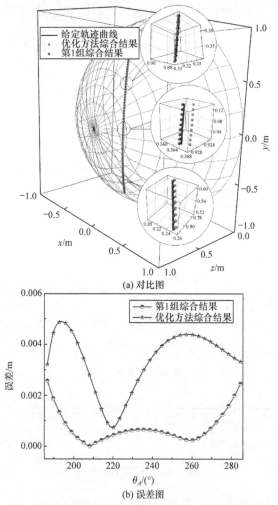

(a) 对比图

(b) 误差图

图 5.3.13 两种综合方法所得综合结果与目标轨迹曲线的对比图和误差图

4. 算例 4

本算例以文献[11]给出的算例为设计条件，对球面四杆机构非整周期轨迹综合问题进行求解。文献[11]利用傅里叶级数法对整周期球面四杆机构轨迹综合问题进行研究。如图 5.3.14 所示，利用傅里叶级数法可以实现整周期轨迹综合问题的求解，在整周期相对转动区间上，综合结果具有较高精度。然而，综合结果的连杆轨迹曲线在第 32～46 个给定精确点上误差较大(图 5.3.15)。利用我们提出的方法，以上述精确点为设计条件，对球面四杆机构进行轨迹综合，所得综合结果

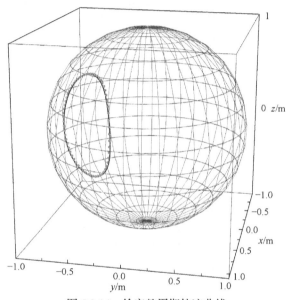

图 5.3.14　给定整周期轨迹曲线

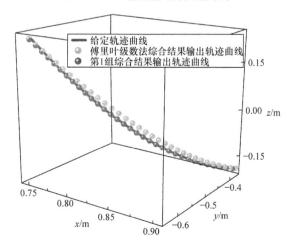

图 5.3.15　给定精确点与两种综合方法所得综合结果的对比图

如表 5.3.5 所示。综合过程所用时间为 369.2534 s。图 5.3.15 和图 5.3.16 为给定精确点与两种综合方法所得结果的对比图和误差图。比较两种方法的综合结果可知，对于非整周期球面四杆机构轨迹综合问题，我们提出的方法可以给出精度更高的设计结果。

表 5.3.5　算例 4 综合结果

机构特征尺寸型、起始角及机架安装角度参数	第 1 组 $\delta=1.867202\times10^{-7}$	第 2 组 $\delta=2.934031\times10^{-7}$	第 3 组 $\delta=5.827412\times10^{-7}$
$\alpha/(°)$	22.952378	22.925721	22.809269
$\beta/(°)$	45.144115	47.111824	42.023230
$\gamma/(°)$	45.338093	49.190041	70.104824
$\xi/(°)$	53.693500	53.919503	74.310617
$\theta_P/(°)$	71.044715	66.636781	69.906184
$\theta_{BP}/(°)$	29.370953	30.280799	29.091363
$\theta_1'/(°)$	188.214843	188.964402	202.248816
$\theta_x/(°)$	19.821570	17.834981	8.464913
$\theta_y/(°)$	359.003447	0.021344	357.769916
$\theta_z/(°)$	359.182691	0.293404	358.393144

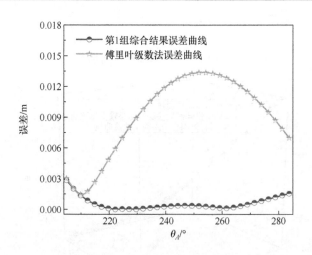

图 5.3.16　给定精确点与两种综合方法所得综合结果的误差图

参 考 文 献

[1] Chu J K, Sun J W. Numerical atlas method for path generation of spherical four-bar mechanism.

Mechanism and Machine Theory, 2010, 45(6):867-879.

[2] Sun J W, Chen L, Chu J K. Motion generation of spherical four-bar mechanism using harmonic characteristic parameters. Mechanism and Machine Theory, 2016, 95(6):76-92.

[3] 孙建伟, 褚金奎. 用快速傅里叶变换进行球面四杆机构轨迹综合. 机械工程学报, 2008, 44(7):32-37.

[4] 褚金奎, 孙建伟. 连杆机构尺度综合的谐波特征参数法. 北京: 科学出版社, 2010.

[5] Sun J W, Liu W R, Chu J K. Synthesis of spherical four-bar linkage for open path generation using wavelet feature parameters. Mechanism and Machine Theory, 2018, 128:33-46.

[6] 褚金奎, 孙建伟. 球面四杆机构函数综合的傅里叶级数法. 机械科学与技术, 2008, 27(7):848-852.

[7] Sun J W, Lu H, Chu J K. Variable step-size numerical atlas method for path generation of spherical four-bar crank-slider mechanism. Inverse Problems in Science and Engineering, 2015, 23(2):256-276.

[8] Kocabas H. Gripper design with spherical parallelogram Mechanism. Journal of Mechanical Design, 2009, 131(7):75001.

[9] McDonald M, Agrawal S K. Design of a bio-inspired spherical four-bar mechanism for flapping-wing micro air-vehicle applications. Journal of Mechanisms and Robotics, 2010, 2(2):21012.

[10] Angeles J, Liu Z. The constrained least-square optimization of spherical four-bar path generators. Journal of Mechanical Design, 1992, 114(3):394-405.

[11] Mullineux G. Atlas of spherical four-bar mechanisms. Mechanism and Machine Theory, 2011, 46(11):1811-1823.

第六章　空间连杆机构非整周期设计要求尺度综合

6.1　概　　述

空间连杆机构具有结构紧凑、运动多样、工作灵活，以及可输出复杂曲线等特点，因此在轻工业、航空、汽车等领域应用广泛[1-4]。相比平面及球面连杆机构尺度综合问题，空间连杆机构尺度综合涉及的参数更多、综合过程更加复杂。例如，空间 RRSS 机构非整周期连杆轨迹曲线与 18 个参数有关[5, 6]。若将这些参数与其对应的特征参数直接存储在一起建立数值图谱库，会造成数据库包含的数据量过于庞大，综合过程耗时过长等问题[7-11]。针对上述问题，本章对空间连杆机构输出的数学模型进行深入分析，发现机构连杆转角与机构尺寸型的内在联系，提出空间连杆机构输出曲线的小波特征参数描述方法。在不减少机构输出种类的前提下，实现在有限的存储空间中，将尺寸型相同的空间连杆机构聚类存储，剔除数据库中重复特征尺寸型的目的，消除图谱库中的数据冗余。同时，结合数值图谱法，实现目标机构尺寸型的匹配识别。在此基础上，给出计算目标机构实际尺寸及安装位置的理论公式。最终，实现空间连杆机构的多位置、非整周期尺度综合。

6.2　空间 RCCC 机构非整周期函数综合

6.2.1　RCCC 机构输出函数的数学模型

空间 RCCC 机构由一个转动副和三个圆柱副构成。如图 6.2.1 所示，RCCC 机构各构件固结相应的坐标系，其中 z 轴与各构件转动轴线重合，x 轴与相邻二个 z 轴的最短距离线重合，a_{ij} 为相邻二个 z 轴的最短距离，α_{ij} 为相邻二个 z 轴的夹角(ij = 12，23，34，41)，S_i 为相邻二个 x 轴的最短距离(i = 1, 2, 3, 4)，θ_1' 为起始角，θ_1 为输入角，θ_2 为 x_1 轴与 x_2 轴的夹角，θ_3 为 x_2 轴与 x_3 轴的夹角，θ_4 为输出角，AF 为机架，AB 为输入构件，CD 为连杆，DE 为输出构件。

根据文献[12]，RCCC 机构输出角 θ_4 可以表示为

$$\theta_4 = 2\arctan\left(\frac{-X_1\sin\alpha_{34} - \sqrt{a}}{b}\right) \tag{6.2.1}$$

式中，$a = (\sin\alpha_{34}\sin\alpha_{23})^2 - (Z_1 - \cos\alpha_{34}\cos\alpha_{23})^2$；$b = Z_1\cos\alpha_{34} - Y_1\sin\alpha_{34} - \cos\alpha_{23}$；

$X_1 = \sin\alpha_{12}\sin\theta_A$；$Y_1 = -(\sin\alpha_{41}\cos\alpha_{12} + \cos\alpha_{41}\sin\alpha_{12}\cos\theta_A)$；$Z_1 = \cos\alpha_{41}\cos\alpha_{12} -$ $\sin\alpha_{41}\sin\alpha_{12}\cos\theta_A$；　$\theta_A = \theta_1' + \theta_1$。

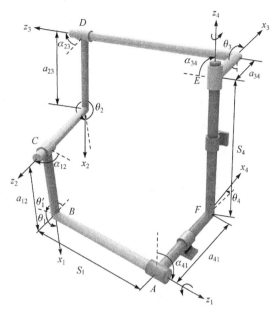

图 6.2.1　空间 RCCC 机构示意图

根据式(6.2.1)，可以得到 θ_3 和 θ_2 的表达式，即

$$\theta_3 = 2\arctan\frac{X_{14}}{Y_{14} + \sin\alpha_{23}} \tag{6.2.2}$$

$$\theta_2 = 2\arctan\frac{X_{41}}{Y_{41} + \sin\alpha_{23}} \tag{6.2.3}$$

式中，$X_{14} = X_1\cos\theta_4 - Y_1\sin\theta_4$；$Y_{14} = \cos\alpha_{34}(X_1\sin\theta_4 + Y_1\cos\theta_4) - \sin\alpha_{34}Z_1$；$X_{41} = \overline{X}_4\cos\theta_A - \overline{Y}_4\sin\theta_A$，$\overline{X}_4 = \sin\alpha_{34}\sin\theta_4$，$\overline{Y}_4 = -(\sin\alpha_{41}\cos\alpha_{34} + \cos\alpha_{41}\sin\alpha_{34}\cos\theta_4)$；$Y_{41} = \cos\alpha_{12}(\overline{X}_4\sin\theta_A + \overline{Y}_4\cos\theta_A) - \sin\alpha_{12}\overline{Z}_4$，$\overline{Z}_4 = \cos\alpha_{41}\cos\alpha_{34} - \sin\alpha_{41}\sin\alpha_{34}\cos\theta_4$。

RCCC 机构在轴线 z_4 方向的输出位移 S_4 可以表示为

$$S_4 = -\frac{(S_1X_{43} + a_{34}\cos\theta_3 + a_{23} + a_{12}\cos\theta_2 + a_{41}W_{43})}{X_3} \tag{6.2.4}$$

式中，$X_3 = \sin\theta_3\sin\alpha_{34}$；$X_{43} = \sin\theta_2\sin\alpha_{12}$；$W_{43} = \cos\theta_A\cos\theta_2 - \sin\theta_A\sin\theta_2\cos\alpha_{12}$。

6.2.2　RCCC 机构输出函数的小波分析

　　令输入构件相对起始角的最大转动角度为 θ_s，利用离散化处理方法对空间 RCCC 机构输出角函数曲线和输出位移函数曲线进行采样，采样间隔为 $\theta_s/(2^j-1)$。采样点可以表示为

$$\theta_4\left(\theta_A^n\right) = 2\arctan\frac{\left(-X_1^n\sin\alpha_{34}-\sqrt{a^n}\right)}{b^n} \tag{6.2.5}$$

$$S_4\left(\theta_A^n\right) = \frac{-(S_1 X_{43}^n + a_{34}\cos\theta_3^n + a_{23} + a_{12}\cos\theta_2^n + a_{41}W_{43}^n)}{X_3^n} \tag{6.2.6}$$

式中，$a^n = \left(\sin\alpha_{34}\sin\alpha_{23}\right)^2 - \left(Z_1^n - \cos\alpha_{34}\cos\alpha_{23}\right)^2$；$b^n = Z_1^n\cos\alpha_{34} - Y_1^n\sin\alpha_{34} - \cos\alpha_{23}$；$X_1^n = \sin\alpha_{12}\sin\theta_A^n$；$Y_1^n = -\left(\sin\alpha_{41}\cos\alpha_{12} + \cos\alpha_{41}\sin\alpha_{12}\cos\theta_A^n\right)$；$Z_1^n = \cos\alpha_{41}\cos\alpha_{12} - \sin\alpha_{41}\sin\alpha_{12}\cos\theta_A^n$；$X_3^n = \sin\theta_3^n\sin\alpha_{34}$；$X_{43}^n = \sin\theta_2^n\sin\alpha_{12}$；$W_{43}^n = \cos\theta_4^n\cos\theta_2^n - \sin\theta_4^n\sin\theta_2^n\cos\alpha_{12}$。

上述公式中，上角 n 表示第 n 个采样点对应参数($n = 1, 2, \cdots, 2^j$)。根据小波分解理论，利用 Db1 小波对 RCCC 机构输出角进行小波分解，可得 j 级小波展开式，即

$$\theta_4 = \theta_{a(j,1)}\phi_{(j,1)} + \sum_{J=1}^{j}\sum_{l=1}^{2^{j-J}}\left[\theta_{d(J,l)}\psi_{(J,l)}\right] \tag{6.2.7}$$

式中

$$\theta_{a(j,1)} = \frac{\theta_4(\theta_A^1) + \theta_4(\theta_A^2) + \cdots + \theta_4(\theta_A^{2^{j}-1}) + \theta_4(\theta_A^{2^j})}{2^j}$$

$$\theta_{d(J,l)} = \frac{\left[\theta_4(\theta_A^{2^J l - 2^J + 1}) + \cdots + \theta_4(\theta_A^{2^J l - 2^{J-1}})\right] - \left[\theta_4(\theta_A^{2^J l - 2^{J-1}+1}) + \cdots + \theta_4(\theta_A^{2^J l})\right]}{2^J}$$

$$\phi_{(j,1)} = \phi\left(\frac{\theta_A - \theta_A^1}{\theta_s}\right) = \begin{cases} 1, & 0 \leqslant \dfrac{\theta_A - \theta_A^1}{\theta_s} < 1 \\ 0, & \text{其他} \end{cases}$$

$$\psi_{(J,l)} = \psi\left(2^{j-J}\frac{\theta_A - \theta_A^1}{\theta_s} - l + 1\right) = \begin{cases} 1, & 0 \leqslant 2^{j-J}\dfrac{\theta_A - \theta_A^1}{\theta_s} - l + 1 < \dfrac{1}{2} \\ -1, & \dfrac{1}{2} \leqslant 2^{j-J}\dfrac{\theta_A - \theta_A^1}{\theta_s} - l + 1 < 1 \\ 0, & \text{其他} \end{cases}$$

类似于平面四杆机构，空间 RCCC 机构输出角同样与参考轴线有关，因此我们定义输出角的后 3 级小波细节系数为 RCCC 机构转角输出小波特征参数，从而消除机架旋转对特征参数的影响。

根据小波分解理论，RCCC 机构输出位移的 Db1 小波 j 级展开式可以表示为

$$S_4 = S_{a(j,1)}\phi_{(j,1)} + \sum_{J=1}^{j}\sum_{l=1}^{2^{j-J}}S_{d(J,l)}\psi_{(J,l)} \tag{6.2.8}$$

式中

$$S_{a(j,l)} = \frac{S_4(\theta_A^1) + S_4(\theta_A^2) + \cdots + S_4(\theta_A^{2^j-1}) + S_4(\theta_A^{2^j})}{2^j}$$

$$S_{d(J,l)} = \frac{\left[S_4(\theta_A^{2^J l - 2^J +1}) + \cdots + S_4(\theta_A^{2^J l - 2^{J-1}}) \right] - \left[S_4(\theta_A^{2^J l - 2^{J-1}+1}) + \cdots + S_4(\theta_A^{2^J l}) \right]}{2^J}$$

根据式(6.2.1)~式(6.2.3)，RCCC 机构各构件等比例缩放对输出角没有影响。然而，上述变换对 RCCC 机构输出位移存在影响。

令 RCCC 机构各构件的杆长为 a_{12}、a_{23}、a_{34}、a_{41}、S_1，将机构整体放大 k 倍，放大后机构各构件的杆长可以分别表示为

$$a_{12}' = ka_{12} \tag{6.2.9}$$
$$a_{23}' = ka_{23} \tag{6.2.10}$$
$$a_{34}' = ka_{34} \tag{6.2.11}$$
$$a_{41}' = ka_{41} \tag{6.2.12}$$
$$S_1' = kS_1 \tag{6.2.13}$$

根据式(6.2.4)，放大后的 RCCC 机构输出位移可以表示为

$$S_4' = -\frac{(S_1' X_{43} + a_{34}' \cos\theta_3 + a_{23}' + a_{12}' \cos\theta_2 + a_{41}' W_{43})}{X_3} \tag{6.2.14}$$

将式(6.2.9)~式(6.2.13)代入式(6.2.14)，可得

$$S_4'(t) = kS_4(t) \tag{6.2.15}$$

放大后的 RCCC 机构输出位移的小波细节系数可以表示为

$$S_{d(J,l)}' = \frac{\left[S_4'(\theta_A^{2^J l - 2^J +1}) + \cdots + S_4'(\theta_A^{2^J l - 2^{J-1}}) \right] - \left[S_4'(\theta_A^{2^J l - 2^{J-1}+1}) + \cdots + S_4'(\theta_A^{2^J l}) \right]}{2^J} \tag{6.2.16}$$

将式(6.2.15)代入式(6.2.16)，可得

$$S_{d(J,l)}' = k \frac{\left[S_4(\theta_A^{2^J l - 2^J +1}) + \cdots + S_4(\theta_A^{2^J l - 2^{J-1}}) \right] - \left[S_4(\theta_A^{2^J l - 2^{J-1}+1}) + \cdots + S_4(\theta_A^{2^J l}) \right]}{2^J} \tag{6.2.17}$$

对 $S_{d(J,l)}'$ 进行归一化处理，可得放大后的 RCCC 机构输出位移的小波标准化参数 $(S_{d(j,l)}' \neq 0)$，即

$$S_{b(J,l)}' = 2^{j-J} \frac{\left[S_4(\theta_A^{2^J l - 2^J +1}) + \cdots + S_4(\theta_A^{2^J l - 2^{J-1}}) \right] - \left[S_4(\theta_A^{2^J l - 2^{J-1}+1}) + \cdots + S_4(\theta_A^{2^J l}) \right]}{\left[S_4(\theta_A^1) + \cdots + S_4(\theta_A^{2^{j-1}}) \right] - \left[S_4(\theta_A^{2^{j-1}+1}) + \cdots + S_4(\theta_A^{2^j}) \right]} \tag{6.2.18}$$

对给定 RCCC 机构输出位移的小波细节系数进行归一化处理,可得原给定机构输出位移的小波标准化参数 $(S_{d(j,1)} \neq 0)$,即

$$S_{b(J,l)} = 2^{j-J} \frac{\left[S_4(\theta_A^{2^J l - 2^J + 1}) + \cdots + S_4(\theta_A^{2^J l - 2^{J-1}}) \right] - \left[S_4(\theta_A^{2^J l - 2^{J-1} + 1}) + \cdots + S_4(\theta_A^{2^J l}) \right]}{\left[S_4(\theta_A^1) + \cdots + S_4(\theta_A^{2^{j-1}}) \right] - \left[S_4(\theta_A^{2^{j-1}+1}) + \cdots + S_4(\theta_A^{2^j}) \right]}$$

$$(6.2.19)$$

比较式(6.2.18)和式(6.2.19)可知,放大后的 RCCC 机构输出位移的小波标准化参数与给定机构输出位移的小波标准化参数相同。因此,我们定义输出位移的 $j-1$ 级和 $j-2$ 级小波标准化参数为 RCCC 机构位移输出小波特征参数,从而消除 RCCC 机构等比例缩放对输出位移曲线特征参数的影响。

6.2.3　RCCC 机构输出函数曲线的动态自适应图谱库建立

根据式(6.2.1)~式(6.2.4),RCCC 机构输出角和输出位移由相邻二个构件旋转轴线的夹角(α_{12}、α_{23}、α_{34}、α_{41})及杆长参数(a_{12}、a_{23}、a_{34}、a_{41}、S_1)确定。我们定义 α_{12}、α_{23}、α_{34}、α_{41} 为 RCCC 机构角度尺寸型,a_{12}、a_{23}、a_{34}、a_{41}、S_1 为 RCCC 机构杆长尺寸型,所有角度尺寸型和杆长尺寸型定义为 RCCC 机构基本尺寸型。由于 RCCC 机构的基本尺寸型是 9 维的,如果将所有基本尺寸型储存在同一个数据库中,会造成数据库过于庞大。因此,如果利用上述方法建立 9 维的图谱库,需要增大数据库中基本尺寸型变化的步长,减少数据库中存储的基本尺寸型。由于数值图谱法是基于穷举法和模糊识别理论的尺度综合方法,因此减少数据库中的基本尺寸型会降低综合结果的精度。

分析式(6.2.1)~式(6.2.3)可以发现,机构输出角只与角度尺寸型有关,杆长尺寸型的变化对机构输出角没有影响。例如,如下两组 RCCC 机构的基本尺寸型:第 1 组,$\alpha_{12} = 30°$、$\alpha_{23} = 50°$、$\alpha_{34} = 50°$、$\alpha_{41} = 70°$、$a_{12} = 10\text{mm}$、$a_{23} = 30\text{mm}$、$a_{34} = 50\text{mm}$、$a_{41} = 70\text{mm}$、$S_1 = 90\text{mm}$;第 2 组,$\alpha_{12} = 30°$、$\alpha_{23} = 50°$、$\alpha_{34} = 50°$、$\alpha_{41} = 70°$、$a_{12} = 20\text{mm}$、$a_{23} = 20\text{mm}$、$a_{34} = 60\text{mm}$、$a_{41} = 50\text{mm}$、$S_1 = 10\text{mm}$。

令上述两组 RCCC 机构的起始角为 $\theta_1' = 30°$,输入构件相对起始角的最大转动角度为 $\theta_s = 50°$,对上述两组机构输出角函数曲线进行离散化采样,采样点数为 8。两组给定 RCCC 机构输出角如表 6.2.1 所示。

表 6.2.1　两组给定 RCCC 机构输出角

组	输出角 1/(°)	输出角 2/(°)	输出角 3/(°)	输出角 4/(°)	输出角 5/(°)	输出角 6/(°)	输出角 7/(°)	输出角 8/(°)
第 1 组	145.11	137.55	130.42	123.75	117.57	111.91	106.77	102.16
第 2 组	145.11	137.55	130.42	123.75	117.57	111.91	106.77	102.16

根据表 6.2.1,两组角度尺寸型相同的 RCCC 机构,输出角也相同。根据 RCCC 机构输出角的这一特点,我们分别建立 RCCC 机构角度尺寸型数据库和杆长尺寸型数据库。进而,结合数值图谱法,根据设计条件对目标机构的角度尺寸型进行求解,再利用所得角度尺寸型及给定输出位移曲线,对目标机构杆长尺寸型进行设计。由于数据库存储的数据维度较低,因此在不影响综合精度的前提下,可以大大提高综合效率。

由于 RCCC 机构等值球面机构为球面四杆机构,因此利用我们提出的球面四杆机构基本尺寸型数据库建立方法,以 1° 为各角度尺寸型的初始值,2° 为步长,建立包含 148 995 组 RCCC 机构角度尺寸型的数据库。在此基础上,以 1 为起始杆长,1 为步长,100 为杆长尺寸型总和,建立包含 3 921 225 组 RCCC 机构杆长尺寸型数据库。

6.2.4　RCCC 机构函数综合步骤

由上述分析可知,利用输出小波特征参数描述 RCCC 机构输出角函数曲线和输出位移函数曲线可以消除机架旋转和机构整体缩放对特征参数的影响。因此,结合数值图谱法可以实现 RCCC 机构非整周期函数综合问题的求解。RCCC 机构函数综合流程图如图 6.2.2 所示。

① 根据给定设计条件,利用 Db1 小波分别对给定输出角函数曲线采样点和输出位移函数曲线采样点进行小波分解,提取转角输出小波特征参数和位移输出小波特征参数。

② 建立 RCCC 机构角度尺寸型数据库和杆长尺寸型数据库。根据给定设计条件,以 1° 为机构起始角的初始值,1° 为变化步长,建立 RCCC 机构输出角特征参数数据库。数据库包含 RCCC 机构角度尺寸型、机构起始角,以及相应的转角输出小波特征参数。

③ 根据给定设计条件的转角输出小波特征参数与数据库中存储的转角输出小波特征参数的误差,输出若干组误差最小的角度尺寸型。误差函数可以表示为

$$\delta_1 = \sum_{J=j-2}^{j} \sum_{l=1}^{2^{j-J}} \left[\theta_{d(J,l)} - \theta'_{d(J,l)} \right]^2 \tag{6.2.20}$$

式中,$\theta_{d(J,l)}$ 为给定目标输出角函数曲线的输出小波特征参数;$\theta'_{d(J,l)}$ 为输出角特征参数数据库中存储的转角输出小波特征参数。

由于数据库中角度尺寸型是离散的,因此可以利用二次序列规划法对所得角度尺寸型进行优化,将优化后的角度尺寸型作为目标机构相邻构件旋转轴的夹角。

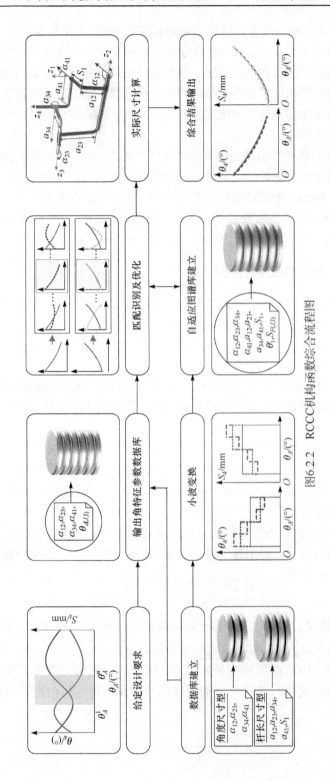

图6.2.2　RCCC机构函数综合流程图

④ 根据步骤③可得目标机构角度尺寸型和机构起始角,结合杆长尺寸型数据库,建立 RCCC 机构输出位移曲线的动态自适应图谱库。图谱库中的每组数据包含杆长尺寸型和相应的位移输出小波特征参数。根据给定位移输出小波特征参数与动态自适应图谱库中存储的位移输出小波特征参数之间的误差,输出若干组误差最小的杆长尺寸型。为提高综合结果精度,利用遗传算法对所得的目标机构杆长尺寸型进行优化。误差函数可以表示为

$$\delta_2 = \sum_{J=j-2}^{j} \sum_{l=1}^{2^{j-J}} \left[S_{b(J,l)} - S'_{b(J,l)} \right]^2 \tag{6.2.21}$$

式中,$S_{b(J,l)}$为给定设计条件的位移输出小波特征参数;$S'_{b(J,l)}$为自适应图谱库中存储的位移输出小波特征参数。

⑤ 根据给定设计要求的输出位移小波系数与所得目标机构的输出位移小波系数之间的内在联系,利用式(6.2.15)计算目标机构实际尺寸,求解 RCCC 机构非整周期设计要求函数综合问题。

6.2.5　RCCC 机构函数综合算例

本节给出两个 RCCC 机构非整周期设计要求函数综合算例。在算例 1 中,输出角和输出位移由参数方程形式给出。基于输出小波特征参数的函数综合方法,对目标机构进行函数综合,利用 CATIA V5R20 软件对综合结果进行装配和仿真。利用仿真模块中的传感器对仿真模型的输出角及输出位移进行测量,通过与综合结果生成机构输出角和输出位移的理论值进行比较,证明我们提出的理论方法的正确性。在算例 2 中,以文献[13]算例给出的目标函数曲线作为设计条件,利用输出小波特征参数法对目标机构进行函数综合,通过比较两种综合方法所得综合结果的精度,证明我们提出的理论方法的实用性和有效性。

1. 算例 1

设目标输出角函数曲线和输出位移函数曲线的参数方程为

$$\theta_4 = 121.2042° - 35°\sin(\theta_1 - 112.5°) + 3°\cos\theta_1$$

$$S_4 = 20\big[(\theta_1 - 110°)\pi/180°\big]^2 - 61.6311$$

式中,$\theta_1 \in [70°,\ 170°]$。

根据给定非整周期设计要求,利用 RCCC 机构非整周期函数综合方法对目标机构进行综合。综合结果如表 6.2.2 所示。其中,第 3 组综合结果误差最小。图 6.2.3 为第 1 组和第 3 组综合结果输出曲线与给定曲线的对比图。图 6.2.4 为第 1 组和第 3 组综合结果的误差图。第 1 组综合结果 CATIA 仿真模型的输出函

数曲线和输出位移曲线如图 6.2.5 和图 6.2.6 所示。对比 CATIA 软件的传感器输出曲线与图 6.2.3 中第 1 组综合结果输出函数曲线可知，理论结果的输出函数曲线与仿真机构的输出函数曲线完全一致，因此证明了我们提出的理论方法的正确性。

表 6.2.2　算例 1 综合结果

目标机构尺寸参数及机构起始角	第 1 组 $\delta_1=0.0204$ $\delta_2=0.0023$	第 2 组 $\delta_1=0.0170$ $\delta_2=0.3500\times10^{-4}$	第 3 组 $\delta_1=0.0091$ $\delta_2=0.8094\times10^{-6}$	第 4 组 $\delta_1=0.0386$ $\delta_2=0.5611\times10^{-3}$
$\alpha_{12}/(°)$	19.0231	17.9999	21.9999	13.6269
$\alpha_{23}/(°)$	59.0610	34.5958	35.3790	66.0004
$\alpha_{34}/(°)$	35.3284	33.9795	39.7600	27.9993
$\alpha_{41}/(°)$	69.6060	48.0003	48.0001	78.1422
a_{12}/mm	37.2371	26.2524	29.6791	36.6921
a_{23}/mm	58.9634	2.1676	34.9508	24.3879
a_{34}/mm	81.9654	65.1677	66.1069	87.6583
a_{41}/mm	77.7733	38.8921	57.4718	62.7688
S_1/mm	0.0010	10.9637	19.4772	8.5577
$\theta_1'/(°)$	8.1501	5.9999	4.9999	7.9999

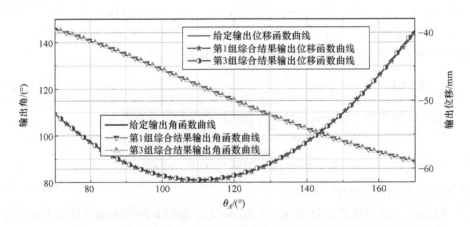

图 6.2.3　第 1 组和第 3 组综合结果输出曲线与给定曲线的对比图

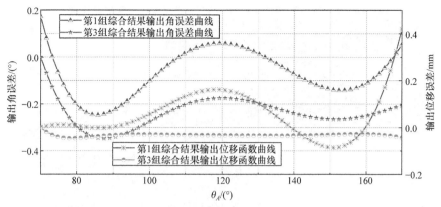

图 6.2.4　第 1 组和第 3 组综合结果的误差图

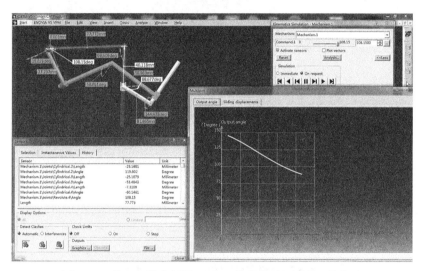

图 6.2.5　第 1 组综合结果 CATIA 仿真模型的输出函数曲线

2. 算例 2

本算例以文献[13]中给出的输出角和输出位移曲线作为设计条件，对 RCCC 机构进行函数综合。给定目标输出角和输出位移曲线如图 6.2.7 所示。

由于文献[13]给出的综合结果在 $\theta_A \in [120°，150°]$ 区间上误差较大(输出角平均误差约为 0.1°，输出位移平均误差约为 0.05mm)，因此算例以此区间内的函数曲线作为设计条件(图 6.2.8)，利用输出小波特征参数法对 RCCC 机构非整周期函数综合问题进行求解。误差最小的 3 组综合结果如表 6.2.3 所示。图 6.2.9 为第 1 组和第 3 组综合结果输出曲线与给定曲线的对比图。图 6.2.10 为第 1 组和第 3 组综合结果的误差图。由此可知，对于非整周期函数综合问题，利用输出小波特征参数法可以得到更加精确的综合结果。

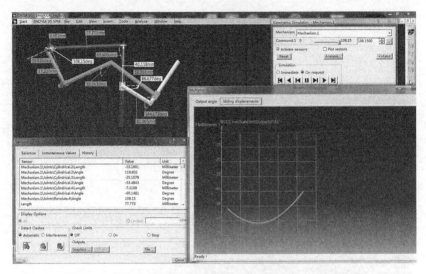

图 6.2.6　第 1 组综合结果 CATIA 仿真模型的输出位移曲线

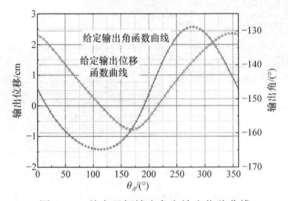

图 6.2.7　给定目标输出角和输出位移曲线

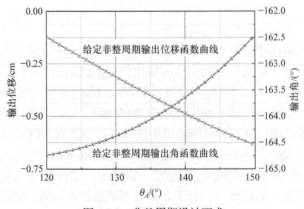

图 6.2.8　非整周期设计要求

表 6.2.3　算例 2 误差最小的 3 组综合结果

目标机构 尺寸参数及 机构起始角	第 1 组 $\delta_1=0.1398 \times 10^{-3}$ $\delta_2=0.1754 \times 10^{-6}$	第 2 组 $\delta_1=0.1274 \times 10^{-3}$ $\delta_2=0.1085 \times 10^{-6}$	第 3 组 $\delta_1=0.1403 \times 10^{-3}$ $\delta_2=0.4476 \times 10^{-6}$
$\alpha_{12}/(°)$	10.9631	11.0035	8.9697
$\alpha_{23}/(°)$	75.7809	65.9871	61.9896
$\alpha_{34}/(°)$	57.2592	67.4249	49.4422
$\alpha_{41}/(°)$	78.2011	68.0110	62.0123
a_{12}/cm	3.2448	3.3902	2.2416
a_{23}/cm	56.1956	61.0524	36.5992
a_{34}/cm	1.9152	1.1306	7.3402
a_{41}/cm	43.2899	28.2651	24.7096
S_1/cm	3.0241	19.2201	3.6458
$\theta_1'/(°)$	125.9332	112.6676	129.7476

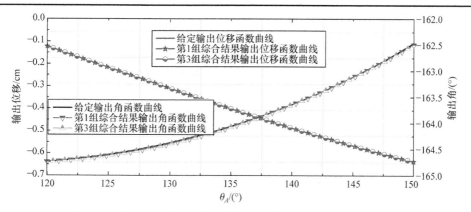

图 6.2.9　第 1 组和第 3 组综合结果输出曲线与给定曲线的对比图

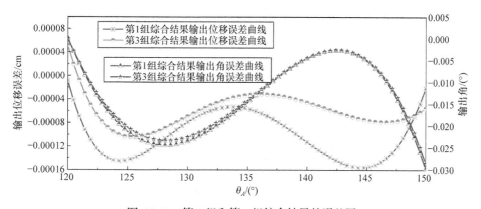

图 6.2.10　第 1 组和第 3 组综合结果的误差图

6.3　空间 RSSR 机构非整周期函数综合

6.3.1　RSSR 机构输出函数的数学模型

标准安装位置的空间 RSSR 机构示意图如图 6.3.1 所示。$Oxyz$ 为固定坐标系。机构的输入构件(AB)、输出构件(CD)，以及机架(EF)固结有相应的坐标系。其中，z_1 轴与输入构件的旋转轴重合，z_3 轴与输出构件的旋转轴重合，z_4 轴与 z_3 轴重合，x_1 轴与过球副中心 B 所作 z_1 轴垂线相重合，x_3 轴与过球副中心 C 所作 z_3 轴垂线相重合，x_4 轴与 z_1 轴和 z_4 轴的公垂线相重合。RSSR 机构各构件杆长(AB、BC、CD、EF、FA、DE)为 a_1、a_2、a_3、a_4、S_1、S_4，α_1 为 z_4 轴与 z_1 轴的夹角，θ'_1 为机构起始角，θ_1 为输入角，θ_4 为输出角。根据几何关系可知，B 点坐标(x_B，y_B，z_B)和 C 点坐标(x_C，y_C，z_C)在固定坐标系 $Oxyz$ 中可以表示为

$$\begin{bmatrix} x_B \\ y_B \\ z_B \end{bmatrix} = \begin{bmatrix} 0 \\ 0 \\ S_1 \end{bmatrix} + \begin{bmatrix} -a_1 \cos\theta_A \\ a_1 \sin\theta_A \\ 0 \end{bmatrix} \tag{6.3.1}$$

$$\begin{bmatrix} x_C \\ y_C \\ z_C \end{bmatrix} = \begin{bmatrix} a_4 \\ 0 \\ 0 \end{bmatrix} + \begin{bmatrix} 0 \\ S_4 \\ 0 \end{bmatrix} + \begin{bmatrix} -a_3 \cos(\pi - \theta_4) \\ 0 \\ a_1 \sin(\pi - \theta_4) \end{bmatrix} \tag{6.3.2}$$

式中，θ_A 为输入构件转角($\theta_A = \theta'_1 + \theta_1$)。

根据 RSSR 机构各构件之间的关系可知，输入构件绕 z_1 轴转动时，B 点与 C 点之间的距离受连杆定长 a_2 约束，因此可以得到如下关系，即

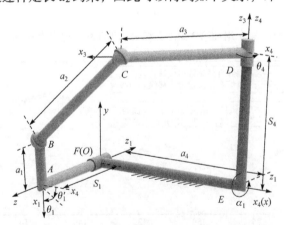

图 6.3.1　标准安装位置的空间 RSSR 机构示意图

$$\sqrt{(x_B - x_C)^2 + (y_B - y_C)^2 + (z_B - z_C)^2} = a_2 \tag{6.3.3}$$

将 B 点坐标$(x_B，y_B，z_B)$和 C 点坐标$(x_C，y_C，z_C)$代入式(6.3.3)，可得

$$\left[-a_1\cos\theta_A-(a_4+a_3\cos\theta_4)\right]^2+\left(a_1\sin\theta_A-S_4\right)^2+\left(S_1-a_1\sin\theta_4\right)^2=a_2^2 \quad (6.3.4)$$

根据式(6.3.4)，RSSR 机构输出角 θ_4 与输入角 θ_1 之间的关系可以表示为

$$\theta_4=2\arctan\frac{k_1+\sqrt{k_1^2+k_2^2-k_3^2}}{k_2-k_3} \quad (6.3.5)$$

式中

$$k_1=\frac{S_1\sin\alpha_1}{a_1-\cos\alpha_1\sin\theta_A}$$

$$k_2=\frac{a_4}{a_1}+\cos\theta_A$$

$$k_3=\frac{a_1^2-a_2^2+a_3^2+a_4^2+S_1^2+S_4^2+2S_1S_4\cos\alpha_1}{2a_1a_3}+\frac{a_4\cos\theta_A+S_4\sin\alpha_1\sin\theta_A}{a_3}。$$

6.3.2 RSSR 机构输出函数的小波分析

令给定标准安装位置的 RSSR 机构输入构件相对起始角的最大转动角度为 θ_s，利用离散化处理方法对给定 RSSR 机构输出函数曲线进行采样，采样间隔为 $\theta_s/(2^j-1)$。采样点可以表示为$(n=1，2，\cdots，2^j)$

$$\theta_4\left(\theta_A^n\right)=2\arctan\frac{k_1^n+\sqrt{\left(k_1^n\right)^2+\left(k_2^n\right)^2-\left(k_3^n\right)^2}}{k_2^n-k_3^n} \quad (6.3.6)$$

式中

$$k_1^n=\frac{S_1\sin\alpha_1}{a_1-\cos\alpha_1\sin\theta_A^n}$$

$$k_2^n=\frac{a_4}{a_1+\cos\theta_A^n}$$

$$k_3^n=\frac{a_1^2-a_2^2+a_3^2+a_4^2+S_1^2+S_4^2+2S_1S_4\cos\alpha_1}{2a_1a_3}+\frac{a_4\cos\theta_A^n+S_4\sin\alpha_1\sin\theta_A^n}{a_3}。$$

根据小波分解理论，给定标准安装位置的空间 RSSR 机构输出函数曲线的 j 级 Db1 小波展开式为

$$\theta_4=a_{(j,1)}\phi_{(j,1)}+\sum_{J=1}^{j}\sum_{l=1}^{2^{j-J}}\left[d_{(J,l)}\psi_{(J,l)}\right] \quad (6.3.7)$$

$$a_{(j,1)}=\frac{\theta_4(\theta_A^1)+\theta_4(\theta_A^2)+\cdots+\theta_4(\theta_A^{2^j-1})+\theta_4(\theta_A^{2^j})}{2^j} \quad (6.3.8)$$

$$d_{(J,l)} = \frac{\left[\theta_4(\theta_A^{2^J l - 2^J + 1}) + \cdots + \theta_4(\theta_A^{2^J l - 2^{J-1}})\right] - \left[\theta_4(\theta_A^{2^J l - 2^{J-1}+1}) + \cdots + \theta_4(\theta_A^{2^J l})\right]}{2^J} \tag{6.3.9}$$

$$\phi_{(j,1)} = \phi\left(\frac{\theta_A - \theta_A^1}{\theta_s}\right) = \begin{cases} 1, & 0 \leqslant \dfrac{\theta_A - \theta_A^1}{\theta_s} < 1 \\ 0, & \text{其他} \end{cases} \tag{6.3.10}$$

$$\psi_{(J,l)} = \psi\left(2^{j-J}\frac{\theta_A - \theta_A^1}{\theta_s} - l + 1\right) = \begin{cases} 1, & 0 \leqslant 2^{j-J}\dfrac{\theta_A - \theta_A^1}{\theta_s} - l + 1 < \dfrac{1}{2} \\ -1, & \dfrac{1}{2} \leqslant 2^{j-J}\dfrac{\theta_A - \theta_A^1}{\theta_s} - l + 1 < 1 \\ 0, & \text{其他} \end{cases} \tag{6.3.11}$$

由式(6.3.5)可知，RSSR 机构输出角 θ_4 与机构起始角 θ'_1、输入角 θ_1，以及 7 个基本尺寸型(a_1、a_2、a_3、a_4、S_1、S_4、α_1)有关。此外，类似于平面四杆机构，空间 RSSR 机构输出角同样与参考轴有关。我们以固定坐标系 $Oxyz$ 的 x 轴为输出角参考轴。

将给定标准安装位置的空间 RSSR 机构绕固定坐标系 $Oxyz$ 的 y 轴旋转 θ_{ia}。根据空间 RSSR 机构各构件之间的关系，输出角可以表示为

$$\theta'_4 = \theta_4 - \theta_{ia} \tag{6.3.12}$$

对 θ'_4 进行小波分解，可得 θ'_4 的小波系数表达式，即

$$\theta'_4 = a'_{(j,1)}\phi_{(j,1)} + \sum_{J=1}^{j}\sum_{l=1}^{2^{j-J}}\left[d'_{(J,l)}\psi_{(J,l)}\right] \tag{6.3.13}$$

$$a'_{(j,1)} = \frac{\theta'_4(\theta_A^1) + \theta'_4(\theta_A^2) + \cdots + \theta'_4(\theta_A^{2^j - 1}) + \theta'_4(\theta_A^{2^j})}{2^j} \tag{6.3.14}$$

$$d'_{(J,l)} = \frac{\left[\theta'_4(\theta_A^{2^J l - 2^J + 1}) + \cdots + \theta'_4(\theta_A^{2^J l - 2^{J-1}})\right] - \left[\theta'_4(\theta_A^{2^J l - 2^{J-1}+1}) + \cdots + \theta'_4(\theta_A^{2^J l})\right]}{2^J} \tag{6.2.15}$$

将式(6.3.12)代入式(6.3.14)和式(6.2.15)，可得

$$a'_{(j,1)} = \frac{\theta_4(\theta_A^1) + \theta_4(\theta_A^2) + \cdots + \theta_4(\theta_A^{2^j - 1}) + \theta_4(\theta_A^{2^j})}{2^j} - \theta_{ia} \tag{6.3.16}$$

$$d'_{(J,l)} = \frac{\left[\theta_4(\theta_A^{2^J l - 2^J + 1}) + \cdots + \theta_4(\theta_A^{2^J l - 2^{J-1}})\right] - \left[\theta_4(\theta_A^{2^J l - 2^{J-1}+1}) + \cdots + \theta_4(\theta_A^{2^J l})\right]}{2^J} \tag{6.3.17}$$

比较式(6.3.9)和式(6.3.17)可知，机架旋转后机构输出函数曲线的小波细节系数与原给定机构输出函数曲线小波细节系数完全一致。因此，我们以 RSSR 机构输出函数曲线的后 3 级小波细节系数作为输出小波特征参数，建立动态自适应图谱库。

6.3.3　RSSR 机构函数综合步骤

空间 RSSR 机构基本尺寸型包括 6 个杆长参数和 1 个角度参数。根据几何关系可知，机构的整体缩放对连杆机构输出角没有影响，因此我们在 6 杆总长为 100 的空间建立空间 RSSR 机构基本尺寸型数据库。其中，每个构件的起始长度为 1，变化步长为 5；z_4 轴与 z_1 轴的夹角 α_1 的初始角度为 1°，变化步长为 3°。由于 RSSR 机构基本尺寸型较多，若以上述步长建立曲柄摇杆机构的动态自适应图谱库，会造成图谱库中包含的机构类型过少，综合结果精度较低的问题。若缩小各尺寸型的变化步长，会造成数据库中尺寸型过多，增加数据存储及匹配识别负担。由于本节主要研究空间 RSSR 机构非整周期函数综合问题，因此只要保证图谱库中存储的机构输出函数曲线在特定区间内没有缺陷即可。

根据空间 RSSR 机构各构件之间的关系，我们建立包含曲柄摇杆机构、双曲柄机构及双摇杆机构的基本尺寸型数据库。利用 3.2.3 节提出的方法，结合文献[14]的研究，我们对数据库中基本尺寸型生成机构在特定相对转动区间内是否存在缺陷进行判定。对没有缺陷的 RSSR 机构输出角进行离散化采样，并对采样点进行小波变换，提取输出小波特征参数，建立 RSSR 机构输出函数曲线的动态自适应图谱库。进而，根据给定设计条件，利用模糊识别方法对目标机构进行函数综合。空间 RSSR 机构函数综合步骤如图 6.3.2 所示。具体步骤如下。

① 根据给定设计条件，对目标函数曲线进行离散化采样。对采样点进行小波变换，提取给定目标函数曲线的输出小波特征参数。

② 建立空间 RSSR 机构基本尺寸型数据库，数据库包括 6 个杆长尺寸型和 1 个角度尺寸型。

③ 根据给定设计条件，以 1° 为起始角的初始值，1° 为变化步长，对基本尺寸型数据库中存储的基本尺寸型生成机构输出函数曲线进行扫描，判定相对转动区间内是否存在缺陷。

④ 对没有缺陷的机构输出角函数曲线进行离散化采样，提取采样点的输出小波特征参数，建立 RSSR 机构输出函数曲线的动态自适应图谱库。

⑤ 计算给定目标函数曲线的输出小波特征参数与自适应图谱库中存储的输出小波特征参数的误差值，输出误差值最小的若干组机构基本尺寸型和机构起始角。误差函数为

$$\delta = \sum_{J=j-2}^{j} \sum_{l=1}^{2^{j-J}} \left(d_{(J,l)} - d'_{(J,l)}\right)^2 \tag{6.3.18}$$

式中，$d_{(J,l)}$ 为给定目标函数曲线的输出小波特征参数；$d'_{(J,l)}$ 为动态自适应图谱库中存储的输出小波特征参数。

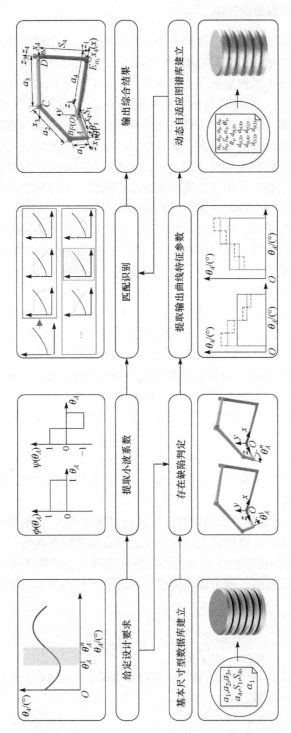

图6.3.2　空间RSSR函数综合步骤

⑥ 根据目标机构的基本尺寸型,利用基本尺寸型生成机构输出函数曲线的小波近似系数和给定函数曲线的小波近似系数计算目标机构的机架安装角度。安装角度的计算公式为

$$\theta_{ia} = a_{(j,1)} - a'_{(j,1)} \tag{6.3.19}$$

式中, $a_{(j,1)}$ 为给定目标函数曲线的 j 级小波近似系数; $a'_{(j,1)}$ 为综合结果输出函数曲线的 j 级小波近似系数。

6.3.4　RSSR 机构函数综合算例

1. 算例 1

为验证上述理论方法的正确性和有效性,本节以参数方程为目标函数,对 RSSR 机构进行函数综合。设给定目标函数为

$$y = \cos(x)\cos(1.2x + 22.5°) \times 180° / \pi$$

式中, $x \in [0°, 80°]$ 。

利用输出小波特征参数法对目标 RSSR 机构进行非整周期函数综合。综合结果如表 6.3.1 所示。图 6.3.3 为第 2 组综合结果输出函数曲线与给定曲线的对比图。图 6.3.4 为第 2 组综合结果输出函数曲线的误差图。本算例共用时 253.067576 s,包括动态自适应图谱库建立时间,以及目标机构匹配识别时间。

表 6.3.1　算例 1 综合结果

目标机构实际尺寸及安装位置	第 1 组	第 2 组	第 3 组
a_1/cm	11	11	6
a_2/cm	26	31	26
a_3/cm	16	26	21
a_4/cm	11	16	11
S_1/cm	21	1	21
S_4/cm	15	15	15
α_1/(°)	130	85	166
θ_1/(°)	179	137	155
θ_{ia}/(°)	−109.7308	−83.4835	−72.2077
δ	0.0068	0.0094	0.0097

根据算例的综合结果可知,本节提出的方法可以实现空间 RSSR 机构非整周期设计要求函数综合问题的求解,所得综合结果的精度较高。此外,本节提出的方法可以为基于优化算法的尺度综合方法提供目标机构尺寸参数的最佳初值。进而,结合优化算法,可以得到目标机构的更优解。

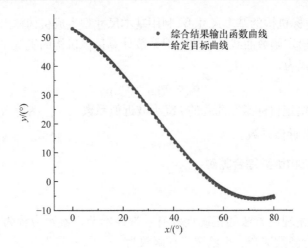

图 6.3.3　第 2 组综合结果输出函数曲线与给定曲线的对比图

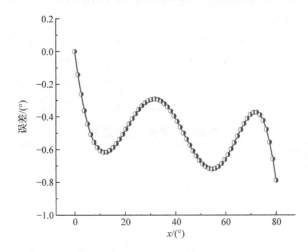

图 6.3.4　第 2 组综合结果输出函数曲线的误差图

2. 算例 2

给定目标函数为

$$y = \frac{e^{x \cdot \pi/180°}}{3} \frac{180°}{\pi}$$

式中，$x \in [0, 90°]$。

利用输出小波特征参数法对目标 RSSR 机构进行非整周期函数综合。综合结果如表 6.3.2 所示。图 6.3.5 为第 1 组综合结果输出函数曲线与给定曲线的对比图。图 6.3.6 为第 1 组综合结果输出函数曲线的误差图。本算例共用时 208.012757 s。

表 6.3.2　算例 2 综合结果

目标机构实际尺寸及安装位置	第 1 组	第 2 组	第 3 组
a_1/cm	21	16	26
a_2/cm	31	16	31
a_3/cm	21	16	11
a_4/cm	6	1	6
S_1/cm	1	21	6
S_4/cm	20	10	20
α_1/(°)	148	160	172
θ_1'/(°)	158	173	125
θ_{ia}/(°)	113.5941	95.1806	175.8822
δ/(°)	0.0093	0.0135	0.0129

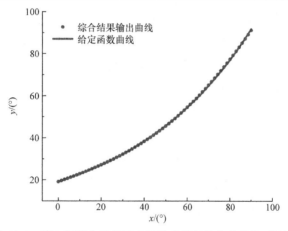

图 6.3.5　第 1 组综合结果输出函数曲线与给定曲线的对比图

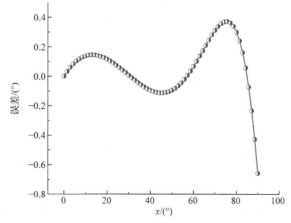

图 6.3.6　第 1 组综合结果输出函数曲线的误差图

6.4 空间 RRSS 机构非整周期设计要求轨迹综合

6.4.1 RRSS 机构输出轨迹曲线的数学模型

图 6.4.1 为标准安装位置的空间 RRSS 机构示意图，AB 为输入构件、CD 为连杆、DE 为连架杆、EF 为机架。$Oxyz$ 为固定坐标系，其中坐标原点 O 与机架 F 点重合，z 轴与输入构件旋转轴重合，x 轴与过球副中心 E 所作 z 轴垂线重合。空间 RRSS 机构各构件杆长(AB、CD、DE、EF、FA、BC)为 a_1、a_2、a_3、a_4、S_1、S_2。输入构件和连杆固结有相应坐标系($O'x'y'z'$ 和 $O''x''y''z''$)。坐标系 $O'x'y'z'$ 的原点 O' 与 C 点重合，x' 轴与过球副中心 D 所作轴线 $O'D$ 重合，z' 轴与过 B 点所作 x' 轴垂线重合。坐标系 $O''x''y''z''$ 的原点 O'' 与 B 点重合，z'' 轴与 z' 轴重合，x'' 轴与过 B 点所作输入构件旋转轴垂线重合。α_{12} 为输入构件旋转轴与连杆旋转轴的夹角，θ_2 为连杆转角(x' 轴与 x'' 轴的夹角)，r_P、α_{xy}、α_z 为 P 点位置参数，其中 r_P 为 CP 长度，α_{xy} 为 x' 轴与 CP 在 $O'x'y'$ 平面上投影的夹角，α_z 为 CP 与 z' 轴的夹角，θ_1' 为机构的起始角，θ_1 为输入角。根据各构件之间的几何关系，连杆上任意一点 P 在固定坐标系 $Oxyz$ 上的坐标可以表示为

$$x_P = [r_P \sin\alpha_z \cos(\alpha_{xy} - \theta_2) + a_1]\cos\theta_A + [(r_P \cos\alpha_z - S_2)\sin\alpha_{12}$$
$$- r_P \sin\alpha_z \cos\alpha_{12}\sin(\alpha_{xy} - \theta_2)]\sin\theta_A \tag{6.4.1}$$

$$y_P = [r_P \sin\alpha_z \cos(\alpha_{xy} - \theta_2) + a_1]\sin\theta_A - [(r_P \cos\alpha_z - S_2)\sin\alpha_{12}$$
$$- r_P \sin\alpha_z \cos\alpha_{12}\sin(\alpha_{xy} - \theta_2)]\cos\theta_A \tag{6.4.2}$$

$$z_P = (r_P \cos\alpha_z - S_2)\cos\alpha_{12} + r_P \sin\alpha_z \sin(\alpha_{xy} - \theta_2)\sin\alpha_{12} + S_1 \tag{6.4.3}$$

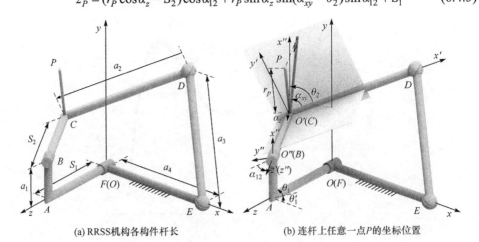

(a) RRSS机构各构件杆长　　　　　　　(b) 连杆上任意一点P的坐标位置

图 6.4.1　标准安装位置的空间 RRSS 机构示意图

式中，θ_A 为输入构件转角 $(\theta_A = \theta'_1 + \theta_1)$。

对轨迹曲线进行离散化采样，采样间隔为 $\theta_s/(2^j-1)$ (θ_s 为输入构件相对起始角的最大转动角度)。采样点坐标可以表示为

$$x_P\left(\theta_A^n\right) = [r_P \sin\alpha_z \cos(\alpha_{xy} - \theta_2^n) + a_1]\cos\theta_A^n + [(r_P \cos\alpha_z - S_2)\sin\alpha_{12}$$
$$- r_P \sin\alpha_z \cos\alpha_{12} \sin(\alpha_{xy} - \theta_2^n)]\sin\theta_A^n \tag{6.4.4}$$

$$y_P\left(\theta_A^n\right) = [r_P \sin\alpha_z \cos(\alpha_{xy} - \theta_2^n) + a_1]\sin\theta_A^n - [(r_P \cos\alpha_z - S_2)\sin\alpha_{12}$$
$$- r_P \sin\alpha_z \cos\alpha_{12} \sin(\alpha_{xy} - \theta_2^n)]\cos\theta_A^n \tag{6.4.5}$$

$$z_P\left(\theta_A^n\right) = (r_P \cos\alpha_z - S_2)\cos\alpha_{12} + r_P \sin\alpha_z \sin(\alpha_{xy} - \theta_2^n)\sin\alpha_{12} + S_1 \tag{6.4.6}$$

式中，θ_A^n 为第 n 个采样点对应的输入构件转角；θ_2^n 为第 n 个采样点对应的连杆转角 ($n = 1, 2, \cdots, 2^j$)。

根据式(6.4.4)～式(6.4.6)，标准安装位置的空间 RRSS 机构由起始角(θ'_1)、输入构件相对起始角的最大转动角度(θ_s)及 10 个机构尺寸参数(a_1、a_2、a_3、a_4、S_1、S_2、r_P、α_{12}、α_{xy}、α_z)确定。对标准安装位置 RRSS 机构连杆轨迹曲线的采样点进行预处理，将连杆轨迹曲线采样点绕 z 轴顺时针旋转对应的输入构件转角。预处理后轨迹曲线上第 n 个采样点在 Oxy 平面上的投影坐标可以表示为

$$x'_P\left(\theta_A^n\right) = r_P \sin\alpha_z \cos(\alpha_{xy} - \theta_2^n) + a_1 \tag{6.4.7}$$

$$y'_P\left(\theta_A^n\right) = r_P \sin\alpha_z \cos\alpha_{12} \sin(\alpha_{xy} - \theta_2^n) - (r_P \cos\alpha_z - S_2)\sin\alpha_{12} \tag{6.4.8}$$

图 6.4.2 为预处理后轨迹曲线上第 n 个采样点在 Oxy 平面上的投影点(P'_{xy})示意图。根据式(6.4.7)和式(6.4.8)可知，预处理后的投影点位于一个椭圆。椭圆长半轴长度为 $A_0 = r_P \sin\alpha_z$，短半轴长度为 $B_0 = r_P \sin\alpha_z \cos\alpha_{12}$，中心坐标为 $(A_1, B_1) = (a_1,$ $-r_P \cos\alpha_z \sin\alpha_{12} + S_2 \sin\alpha_{12})$。预处理后投影点的离心角为 $\alpha_{xy} - \theta_2^n$。我们定义标准安装位置的空间 RRSS 机构连杆轨迹曲线预处理后在 Oxy 平面上的投影曲线为机构特征椭圆。特征椭圆的长半轴长度、短半轴长度及中心坐标为特征椭圆结构参数。

例如，给定标准安装位置的 RRSS 机构尺寸参数为 a_1=30 mm、a_2=100 mm、a_3=95 mm、a_4=90 mm、S_1=65 mm、S_2=70 mm、r_P=80 mm、α_{12}=30°、α_{xy}=60°、α_z= 50°，输入构件转角为 $\theta_A \in [90°, 305°]$。对给定 RRSS 机构的连杆轨迹曲线进行离散化采样，采样点数为 64。对采样点进行预处理，所得投影点位于特征椭圆上。标准安装位置 RRSS 机构的特征椭圆曲线如图 6.4.3 所示。特征椭圆的长半轴长度为 $A_0 = 61.2836$ mm，短半轴长度为 $B_0 = 53.0731$ mm，中心坐标为 $(A_1,$ $B_1) = (30 \text{ mm}, 9.2885 \text{ mm})$。

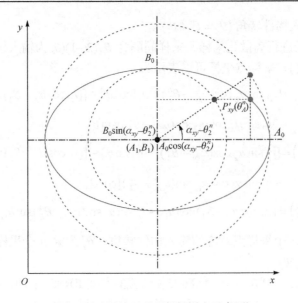

图 6.4.2　预处理后所得投影点示意图

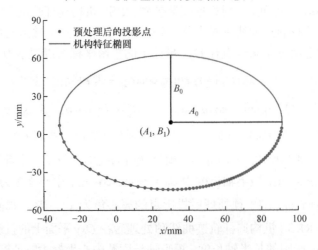

图 6.4.3　标准安装位置 RRSS 机构的特征椭圆曲线

6.4.2　RRSS 机构输出轨迹曲线的特征椭圆参数

将标准安装位置的空间 RRSS 机构沿固定坐标系 $Oxyz$ 的 x 轴、y 轴、z 轴分别平移 O_x、O_y、O_z，再将平移后的机构分别绕 x 轴、y 轴、z 轴旋转 θ_x、θ_y、θ_z 可得一般安装位置的空间 RRSS 机构。对于一般安装位置的空间 RRSS 机构，轨迹曲线可以由机构起始角(θ'_1)、输入构件相对起始角的最大转动角度(θ_s)、机构尺寸参数(a_1、a_2、a_3、a_4、S_1、S_2、r_P、α_{12}、α_{xy}、α_z)、机架安装位置参数(O_x、O_y、O_z)及机架安装角度参数(θ_x、θ_y、θ_z)表示为

$$x_P'' = (x_P + O_x)\cos\theta_y\cos\theta_z + (y_P + O_y)(\sin\theta_x\sin\theta_y\cos\theta_z - \cos\theta_x\sin\theta_z)$$
$$+ (z_P + O_z)(\cos\theta_x\sin\theta_y\cos\theta_z + \sin\theta_x\sin\theta_z) \tag{6.4.9}$$

$$y_P'' = (x_P + O_x)\cos\theta_y\sin\theta_z + (y_P + O_y)(\sin\theta_x\sin\theta_y\sin\theta_z + \cos\theta_x\cos\theta_z)$$
$$+ (z_P + O_z)(\cos\theta_x\sin\theta_y\sin\theta_z - \sin\theta_x\cos\theta_z) \tag{6.4.10}$$

$$z_P'' = -(x_P + O_x)\sin\theta_y + (y_P + O_y)\sin\theta_x\cos\theta_y + (z_P + O_z)\cos\theta_x\cos\theta_y \tag{6.4.11}$$

对于机架安装位置参数为 0(即机架 F 点与固定坐标系的原点 O 重合)，但机架安装角度参数不为 0° 的 RRSS 机构($\theta_x \neq 0°$，$\theta_y \neq 0°$，$\theta_z \neq 0°$)，可以建立机架安装角度参数数据库。根据数据库中存储的各组安装角度参数将机架绕坐标轴进行旋转，通过寻找预处理后投影曲线近似为椭圆曲线时的机架旋转角度，确定目标机构的实际安装角度。进而，根据投影点坐标值，计算目标机构特征椭圆结构参数。对于一般安装位置的 RRSS 机构，机架安装位置参数的变化对轨迹曲线存在影响，很难通过简单方法同时求解目标机构的机架安装位置参数和机架安装角度参数。此外，与机架安装角度参数不同，机架安装位置参数在理论上没有约束条件，由此无法借助数值图谱法近似确定目标机构的机架安装位置参数。针对这一问题，我们提出利用轨迹曲线上二个相邻采样点坐标差值和相隔一点的二个采样点之间的坐标差值计算安装角度参数为 0°，但安装位置参数不为 0 的空间 RRSS 机构连杆轨迹曲线特征椭圆结构参数的方法。

首先，假设给定机构的安装角度参数为 $\theta_x = 0°$、$\theta_y = 0°$、$\theta_z = 0°$，机架 F 点与坐标原点 O 不重合。机构输入构件旋转轴与连杆旋转轴的夹角(α_{12})可以由下式得出，即

$$\alpha_{12} = \arctan\Big[\big(-z_{M-2}\cos\Delta\theta\cot\Delta\theta + z_{M-3}\cot\Delta\theta + z_{M-1}\cos2\Delta\theta\cot2\Delta\theta$$
$$- z_{M-3}\cot2\Delta\theta - z_{M-2}\sin\Delta\theta + z_{M-1}\sin2\Delta\theta\big)$$
$$/ \big(x_{M-3} - x_{M-2} - y_{M-3}\cot\Delta\theta + y_{M-2}\cot2\Delta\theta\big)\Big] \tag{6.4.12}$$

$$x_{M-3} = \Big[x_P(\theta_A^{M-1}) - x_P(\theta_A^{M-2}) \Big]\cos\theta_A^{M-2} + \Big[y_P(\theta_A^{M-1}) - y_P(\theta_A^{M-2}) \Big]\sin\theta_A^{M-2}$$
$$- \Big[x_P(\theta_A^{M-2}) - x_P(\theta_A^{M-3}) \Big]\cos\theta_A^{M-3}$$
$$- \Big[y_P(\theta_A^{M-2}) - y_P(\theta_A^{M-3}) \Big]\sin\theta_A^{M-3} \tag{6.4.13}$$

$$x_{M-2} = \Big[x_P(\theta_A^{M}) - x_P(\theta_A^{M-2}) \Big]\cos\theta_A^{M-2} + \Big[y_P(\theta_A^{M}) - y_P(\theta_A^{M-2}) \Big]\sin\theta_A^{M-2}$$
$$- \Big[x_P(\theta_A^{M-1}) - x_P(\theta_A^{M-3}) \Big]\cos\theta_A^{M-4}$$
$$- \Big[y_P(\theta_A^{M-1}) - y_P(\theta_A^{M-3}) \Big]\sin\theta_A^{M-3} \tag{6.4.14}$$

$$y_{M-3} = -\left[x_P(\theta_A^{M-1}) - x_P(\theta_A^{M-2})\right]\sin\theta_A^{M-2} + \left[y_P(\theta_A^{M-1}) - y_P(\theta_A^{M-2})\right]\cos\theta_A^{M-2}$$
$$+ \left[x_P(\theta_A^{M-2}) - x_P(\theta_A^{M-3})\right]\sin\theta_A^{M-3}$$
$$- \left[y_P(\theta_A^{M-2}) - y_P(\theta_A^{M-3})\right]\cos\theta_A^{M-3} \tag{6.4.15}$$

$$y_{M-2} = -\left[x_P(\theta_A^{M}) - x_P(\theta_A^{M-2})\right]\sin\theta_A^{M-2} + \left[y_P(\theta_A^{M}) - y_P(\theta_A^{M-2})\right]\cos\theta_A^{M-2}$$
$$+ \left[x_P(\theta_A^{M-1}) - x_P(\theta_A^{M-3})\right]\sin\theta_A^{M-3}$$
$$- \left[y_P(\theta_A^{M-1}) - y_P(\theta_A^{M-3})\right]\cos\theta_A^{M-3} \tag{6.4.16}$$

$$z_{M-3} = z_P(\theta_A^{M-2}) - z_P(\theta_A^{M-3}) \tag{6.4.17}$$

$$z_{M-2} = z_P(\theta_A^{M-1}) - z_P(\theta_A^{M-2}) \tag{6.4.18}$$

$$z_{M-1} = z_P(\theta_A^{M}) - z_P(\theta_A^{M-1}) \tag{6.4.19}$$

式中，$M = 4, 5, \cdots, 2^j$；$\Delta\theta = \theta_s/(2^j-1)$；$\theta_A^{M}$、$\theta_A^{M-1}$、$\theta_A^{M-2}$、$\theta_A^{M-3}$ 为第 M、$M-1$、$M-2$、$M-3$ 个采样点对应的输入构件转角；$x_P(\theta_A^{M})$、$x_P(\theta_A^{M-1})$、$x_P(\theta_A^{M-2})$、$x_P(\theta_A^{M-3})$ 为第 M、$M-1$、$M-2$、$M-3$ 个采样点的 x 坐标；$y_P(\theta_A^{M})$、$y_P(\theta_A^{M-1})$、$y_P(\theta_A^{M-2})$、$y_P(\theta_A^{M-3})$ 为第 M、$M-1$、$M-2$、$M-3$ 个采样点的 y 坐标。

根据已求解出的 α_{12}，对预处理后投影点的离心角进行求解。第 $M-1$、$M-2$、$M-3$ 个采样点对应的离心角可由下式得出，即

$$\alpha_{xy} - \theta_2^{M-2} = \arctan\left[\frac{\sin(c_1^{M-3}) - c_2^{M-3}\sin(c_1^{M-2})}{\cos(c_1^{M-3}) - c_2^{M-3}\cos(c_1^{M-2}) - c_2^{M-3} + 1}\right] \tag{6.4.20}$$

$$\alpha_{xy} - \theta_2^{M-3} = c_1^{M-3} - \alpha_{xy} + \theta_2^{M-2} \tag{6.4.21}$$

$$\alpha_{xy} - \theta_2^{M-1} = c_1^{M-2} - \alpha_{xy} + \theta_2^{M-2} \tag{6.4.22}$$

$$c_1^{M-3} = -2\arctan\left[\frac{\left(xc_3^{M-3} - yc_3^{M-3}\cot\Delta\theta\right)\sin\alpha_{12}}{z_P(\theta_A^{M-3}) - z_P(\theta_A^{M-2})}\right] \tag{6.4.23}$$

$$c_1^{M-2} = -2\arctan\left[\frac{\left(xc_3^{M-2} - yc_3^{M-2}\cot\Delta\theta\right)\sin\alpha_{12}}{z_P(\theta_A^{M-2}) - z_P(\theta_A^{M-1})}\right] \tag{6.4.24}$$

$$c_2^{M-3} = \frac{z_P(\theta_A^{M-3}) - z_P(\theta_A^{M-2})}{z_P(\theta_A^{M-1}) - z_P(\theta_A^{M-2})} \tag{6.4.25}$$

$$xc_3^{M-3} = \left[x_P(\theta_A^{M-1}) - x_P(\theta_A^{M-2})\right]\cos\theta_A^{M-2} + \left[y_P(\theta_A^{M-1}) - y_P(\theta_A^{M-2})\right]\sin\theta_A^{M-2}$$
$$- \left[x_P(\theta_A^{M-2}) - x_P(\theta_A^{M-3})\right]\cos\theta_A^{M-3} - \left[y_P(\theta_A^{M-2}) - y_P(\theta_A^{M-3})\right]\sin\theta_A^{M-3}$$

$$+\left[z_P(\theta_A^{M-1})-z_P(\theta_A^{M-2})\right]\sin\Delta\theta/\tan\alpha_{12} \tag{6.4.26}$$

$$
\begin{aligned}
xc_3^{M-2}=&\left[x_P(\theta_A^M)-x_P(\theta_A^{M-1})\right]\cos\theta_A^{M-1}+\left[y_P(\theta_A^M)-y_P(\theta_A^{M-1})\right]\sin\theta_A^{M-1}\\
&-\left[x_P(\theta_A^{M-1})-x_P(\theta_A^{M-2})\right]\cos\theta_A^{M-2}-\left[y_P(\theta_A^{M-1})-y_P(\theta_A^{M-2})\right]\sin\theta_A^{M-2}\\
&+\left[z_P(\theta_A^M)-z_P(\theta_A^{M-1})\right]\sin\Delta\theta/\tan\alpha_{12}
\end{aligned}\tag{6.4.27}
$$

$$
\begin{aligned}
yc_3^{M-3}=&-\left[x_P(\theta_A^{M-1})-x_P(\theta_A^{M-2})\right]\sin\theta_A^{M-2}+\left[y_P(\theta_A^{M-1})-y_P(\theta_A^{M-2})\right]\cos\theta_A^{M-2}\\
&+\left[x_P(\theta_A^{M-2})-x_P(\theta_A^{M-3})\right]\sin\theta_A^{M-3}-\left[y_P(\theta_A^{M-2})-y_P(\theta_A^{M-3})\right]\cos\theta_A^{M-3}\\
&-\left[z_P(\theta_A^{M-3})-z_P(\theta_A^{M-2})\right]\Big/\tan\alpha_{12}-\left[z_P(\theta_A^{M-1})\right.\\
&\left.-z_P(\theta_A^{M-2})\right]\cos\Delta\theta/\tan\alpha_{12}
\end{aligned}\tag{6.4.28}
$$

$$
\begin{aligned}
yc_3^{M-2}=&-\left[x_P(\theta_A^M)-x_P(\theta_A^{M-1})\right]\sin\theta_A^{M-1}+\left[y_P(\theta_A^M)-y_P(\theta_A^{M-1})\right]\cos\theta_A^{M-1}\\
&+\left[x_P(\theta_A^{M-1})-x_P(\theta_A^{M-2})\right]\sin\theta_A^{M-2}-\left[y_P(\theta_A^{M-1})-y_P(\theta_A^{M-2})\right]\cos\theta_A^{M-2}\\
&-\left[z_P(\theta_A^{M-2})-z_P(\theta_A^{M-1})\right]\Big/\tan\alpha_{12}-\left[z_P(\theta_A^M)-z_P(\theta_A^{M-1})\right]\cos\Delta\theta/\tan\alpha_{12}
\end{aligned}
$$
$$\tag{6.4.29}$$

最后，根据已求得的第 M–1、M–2、M–3 个采样点的离心角，对给定机构的特征椭圆结构参数进行求解，长半轴长度(A_0)、短半轴长度(B_0)，以及特征椭圆中心坐标(A_1、B_1)，即

$$A_0=\frac{xc_3^{M-3}}{\cos\Delta\theta\left[\cos\left(\alpha_{xy}-\theta_2^{M-1}\right)-\cos\left(\alpha_{xy}-\theta_2^{M-2}\right)\right]\left[\cos\left(\alpha_{xy}-\theta_2^{M-2}\right)-\cos\left(\alpha_{xy}-\theta_2^{M-3}\right)\right]}$$
$$\tag{6.4.30}$$

$$B_0=A_0\cos\alpha_{12}\tag{6.4.31}$$

$$A_1=\frac{\left[d_1-d_2+A_0\cos\left(\alpha_{xy}-\theta_2^{M-3}\right)\right](\cos\Delta\theta-1)+\left[d_3-d_4+B_0\sin\left(\alpha_{xy}-\theta_2^{M-3}\right)\right]\sin\Delta\theta}{2(1-\cos\Delta\theta)}$$
$$\tag{6.4.32}$$

$$B_1=\frac{-\left[d_1-d_2+A_0\cos\left(\alpha_{xy}-\theta_2^{M-3}\right)\right]\sin\Delta\theta+\left[d_3-d_4+B_0\sin\left(\alpha_{xy}-\theta_2^{M-3}\right)\right](\cos\Delta\theta-1)}{2(1-\cos\Delta\theta)}$$
$$\tag{6.4.33}$$

$$d_1=\left[x_P\left(\theta_A^{M-2}\right)-x_P\left(\theta_A^{M-3}\right)\right]\cos\theta_A^{M-3}+\left[y_P\left(\theta_A^{M-2}\right)-y_P\left(\theta_A^{M-3}\right)\right]\sin\theta_A^{M-3}\tag{6.4.34}$$

$$d_2=A_0\cos\left(\alpha_{xy}-\theta_2^{M-2}\right)\cos\Delta\theta-B_0\sin\left(\alpha_{xy}-\theta_2^{M-2}\right)\sin\Delta\theta\tag{6.4.35}$$

$$d_3 = -\left[x_P\left(\theta_A^{M-2}\right) - x_P\left(\theta_A^{M-3}\right) \right]\sin\theta_A^{M-3} + \left[y_P\left(\theta_A^{M-2}\right) - y_P\left(\theta_A^{M-3}\right) \right]\cos\theta_A^{M-3} \quad (6.4.36)$$

$$d_4 = A_0\cos\left(\alpha_{xy} - \theta_2^{M-2}\right)\sin\Delta\theta + B_0\sin\left(\alpha_{xy} - \theta_2^{M-2}\right)\cos\Delta\theta \quad (6.4.37)$$

　　根据式(6.4.12)~式(6.4.37)可以求出机架安装角度参数为 0°的 RRSS 机构的特征椭圆结构参数。

　　例如，给定空间 RRSS 机构的尺寸参数为 a_1=100 mm、a_2=150 mm、a_3=180 mm、a_4=160 mm、S_1=130 mm、S_2=120 mm、r_P=140 mm、α_{12}=25°、α_{xy}=75°、α_z=33°、起始角为 θ'_1=50°，输入构件相对起始角的最大转动角度为 θ_s=78.75°，机架安装位置参数为 O_x=216 mm、O_y=321 mm、O_z=114 mm。给定 RRSS 机构连杆轨迹曲线如图 6.4.4 所示。对机构轨迹曲线进行离散化采样，采样点数为 64(j = 6)，利用相邻 4 个采样点可以求解出一组特征椭圆结构参数。因此，本算例将连杆轨迹曲线的前 4 个采样点作为设计条件对目标机构的特征椭圆结构参数进行求解。给定 RRSS 机构连杆轨迹曲线的采样点坐标值如表 6.4.1 所示。将给定采样点坐标代入式(6.4.13)~式(6.4.19)，可得 x_1、x_2、y_1、y_2、z_1、z_2、z_3 的参数值，即

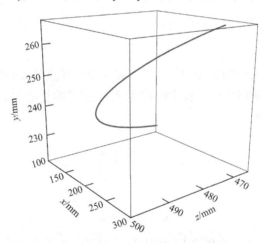

图 6.4.4　给定 RRSS 机构连杆轨迹曲线

$$\begin{aligned}
x_1 &= \left[x_P(\theta_A^3) - x_P(\theta_A^2) \right]\cos\theta_A^2 + \left[y_P(\theta_A^3) - y_P(\theta_A^2) \right]\sin\theta_A^2 \\
&\quad - \left[x_P(\theta_A^2) - x_P(\theta_A^1) \right]\cos\theta_A^1 - \left[y_P(\theta_A^2) - y_P(\theta_A^1) \right]\sin\theta_A^1 = -0.0221 \\
x_2 &= \left[x_P(\theta_A^4) - x_P(\theta_A^2) \right]\cos\theta_A^2 + \left[y_P(\theta_A^4) - y_P(\theta_A^2) \right]\sin\theta_A^2 \\
&\quad - \left[x_P(\theta_A^3) - x_P(\theta_A^1) \right]\cos\theta_A^1 - \left[y_P(\theta_A^3) - y_P(\theta_A^1) \right]\sin\theta_A^1 = -0.0439 \\
y_1 &= -\left[x_P(\theta_A^3) - x_P(\theta_A^2) \right]\sin\theta_A^2 + \left[y_P(\theta_A^3) - y_P(\theta_A^2) \right]\cos\theta_A^2 \\
&\quad + \left[x_P(\theta_A^2) - x_P(\theta_A^1) \right]\sin\theta_A^1 - \left[y_P(\theta_A^2) - y_P(\theta_A^1) \right]\cos\theta_A^1 = 0.0037
\end{aligned}$$

$$y_2 = -\left[x_P(\theta_A^4) - x_P(\theta_A^2)\right]\sin\theta_A^2 + \left[y_P(\theta_A^4) - y_P(\theta_A^2)\right]\cos\theta_A^2$$
$$+ \left[x_P(\theta_A^3) - x_P(\theta_A^1)\right]\sin\theta_A^1 - \left[y_P(\theta_A^3) - y_P(\theta_A^1)\right]\cos\theta_A^1 = 0.0075$$

$$z_1 = z_P(\theta_A^2) - z_P(\theta_A^1) = -0.5620$$

$$z_2 = z_P(\theta_A^3) - z_P(\theta_A^2) = -0.5765$$

$$z_3 = z_P(\theta_A^4) - z_P(\theta_A^3) = -0.5902$$

表 6.4.1　给定 RRSS 机构连杆轨迹曲线的采样点坐标值

坐标	1	2	3	4
x_P/mm	268.4319	267.1418	265.7998	264.4071
y_P/mm	469.4089	471.0338	472.6153	474.1525
z_P/mm	266.9008	266.3388	265.7623	265.1721

将 x_1、x_2、y_1、y_2、z_1、z_2、z_3 的参数值代入式(6.4.12)，可得

$$\alpha_{12} = \arctan\left(\frac{26.4146 - 25.7566 - 13.5056 + 12.8721 + 0.0126 - 0.0257}{-0.0221 + 0.0439 - 0.1692 + 0.1721}\right) = 25°$$

将采样点坐标及 α_{12} 代入式(6.4.25)~式(6.4.29)，可得 c_2^1、xc_3^1、xc_3^2、yc_3^1、yc_3^2 的参数值，即

$$c_2^1 = \frac{z_P(\theta_A^1) - z_p(\theta_A^2)}{z_P(\theta_A^3) - z_p(\theta_A^2)} = -0.9749$$

$$xc_3^1 = \left[x_P(\theta_A^3) - x_P(\theta_A^2)\right]\cos\theta_A^2 + \left[y_P(\theta_A^3) - y_P(\theta_A^2)\right]\sin\theta_A^2 - \left[x_P(\theta_A^2) - x_P(\theta_A^1)\right]\cos\theta_A^1$$
$$- \left[y_P(\theta_A^2) - y_P(\theta_A^1)\right]\sin\theta_A^1 + \left[z_P(\theta_A^3) - z_P(\theta_A^2)\right]\sin\Delta\theta / \tan\alpha_{12} = -0.0491$$

$$xc_3^2 = \left[x_P(\theta_A^4) - x_P(\theta_A^3)\right]\cos\theta_A^3 + \left[y_P(\theta_A^4) - y_P(\theta_A^3)\right]\sin\theta_A^3 - \left[x_P(\theta_A^3) - x_P(\theta_A^2)\right]\cos\theta_A^2$$
$$- \left[y_P(\theta_A^3) - y_P(\theta_A^2)\right]\sin\theta_A^2 + \left[z_P(\theta_A^4) - z_P(\theta_A^3)\right]\sin\Delta\theta / \tan\alpha_{12} = -0.0493$$

$$yc_3^1 = -\left[x_P(\theta_A^3) - x_P(\theta_A^2)\right]\sin\theta_A^2 + \left[y_P(\theta_A^3) - y_P(\theta_A^2)\right]\cos\theta_A^2$$
$$+ \left[x_P(\theta_A^2) - x_P(\theta_A^1)\right]\sin\theta_A^1 - \left[y_P(\theta_A^2) - y_P(\theta_A^1)\right]\cos\theta_A^1$$
$$- \left[z_P(\theta_A^1) - z_P(\theta_A^2)\right]/\tan\alpha_{12} - \left[z_P(\theta_A^3) - z_P(\theta_A^2)\right]\cos\Delta\theta / \tan\alpha_{12} = 0.0345$$

$$yc_3^2 = -\left[x_P(\theta_A^4) - x_P(\theta_A^3)\right]\sin\theta_A^3 + \left[y_P(\theta_A^4) - y_P(\theta_A^3)\right]\cos\theta_A^3$$
$$+ \left[x_P(\theta_A^3) - x_P(\theta_A^2)\right]\sin\theta_A^2 - \left[y_P(\theta_A^3) - y_P(\theta_A^2)\right]\cos\theta_A^2$$
$$- \left[z_P(\theta_A^2) - z_P(\theta_A^3)\right]/\tan\alpha_{12} - \left[z_P(\theta_A^4) - z_P(\theta_A^3)\right]\cos\Delta\theta / \tan\alpha_{12} = 0.0334$$

将所得 xc_3^1、yc_3^1、xc_3^2、yc_3^2 代入式(6.4.23)和式(6.4.24)，可得

$$c_1^1 = -2\arctan\left[\frac{\left(xc_3^1 - yc_3^1\cot\Delta\theta\right)\sin\alpha_{12}}{z_P(\theta_A^1) - z_P(\theta_A^2)}\right] = 101.5682°$$

$$c_1^2 = -2\arctan\left[\frac{\left(xc_3^2 - yc_3^2\cot\Delta\theta\right)\sin\alpha_{12}}{z_P(\theta_A^2) - z_P(\theta_A^3)}\right] = 98.4170°$$

将 c_1^1、c_1^2、c_2^1 代入式(6.4.20)~式(6.4.22)可得采样点对应的离心角，即

$$\alpha_{xy} - \theta_2^2 = \arctan\left[\frac{\sin(c_1^1) - c_2^1\sin(c_1^2)}{\cos(c_1^1) - c_2^1\cos(c_1^2) - c_2^1 + 1}\right] = 49.9906°$$

$$\alpha_{xy} - \theta_2^1 = c_1^1 - \alpha_{xy} + \theta_2^2 = 51.5709°$$

$$\alpha_{xy} - \theta_2^3 = c_1^2 - \alpha_{xy} + \theta_2^2 = 48.4207°$$

根据 xc_3^1、$\alpha_{xy} - \theta_2^1$、$\alpha_{xy} - \theta_2^2$、$\alpha_{xy} - \theta_2^3$、α_{12} 可以求解给定机构的特征椭圆结构参数。根据式(6.4.30)和式(6.4.31)，长半轴和短半轴长度为

$$A_0 = \frac{xc_3^1}{\cos\Delta\theta\left[\cos\left(\alpha_{xy} - \theta_2^3\right) - \cos\left(\alpha_{xy} - \theta_2^2\right)\right] - \left[\cos\left(\alpha_{xy} - \theta_2^2\right) - \cos\left(\alpha_{xy} - \theta_2^1\right)\right]}$$
$$= 76.2495\ \text{mm}$$

$$B_0 = A_0\cos\alpha_{12} = 69.1055\ \text{mm}$$

根据输入构件转角、采样点坐标，以及特征椭圆长半轴和短半轴长度，利用式(6.4.34)~式(6.4.37)，可以得到 d_1、d_2、d_3、d_4 的参数值，即

$$d_1 = \left[x_P\left(\theta_A^2\right) - x_P\left(\theta_A^1\right)\right]\cos\theta_A^1 + \left[y_P\left(\theta_A^2\right) - y_P\left(\theta_A^1\right)\right]\sin\theta_A^1 = 0.4155$$

$$d_2 = A_0\cos\left(\alpha_{xy} - \theta_2^2\right)\cos\Delta\theta - B_0\sin\left(\alpha_{xy} - \theta_2^2\right)\sin\Delta\theta = 47.8535$$

$$d_3 = -\left[x_P\left(\theta_A^2\right) - x_P\left(\theta_A^1\right)\right]\sin\theta_A^1 + \left[y_P\left(\theta_A^2\right) - y_P\left(\theta_A^1\right)\right]\cos\theta_A^1 = 2.0328$$

$$d_4 = A_0\cos\left(\alpha_{xy} - \theta_2^2\right)\sin\Delta\theta + B_0\sin\left(\alpha_{xy} - \theta_2^2\right)\cos\Delta\theta = 53.9888$$

根据 d_1、d_2、d_3、d_4，利用式(6.4.32)和式(6.4.33)可得特征椭圆的中心坐标，即

$$A_1 = \frac{\left[d_1 - d_2 + A_0\cos\left(\alpha_{xy} - \theta_2^1\right)\right]\left(\cos\Delta\theta - 1\right) + \left[d_3 - d_4 + B_0\sin\left(\alpha_{xy} - \theta_2^1\right)\right]\sin\Delta\theta}{2\left(1 - \cos\Delta\theta\right)}$$

$$= 100\ \text{mm}$$

$$B_1 = \frac{-\left[d_1 - d_2 + A_0 \cos\left(\alpha_{xy} - \theta_2^1\right)\right] \sin\Delta\theta + \left[d_3 - d_4 + B_0 \sin\left(\alpha_{xy} - \theta_2^1\right)\right]\left(\cos\Delta\theta - 1\right)}{2\left(1 - \cos\Delta\theta\right)}$$

$$= 1.0929 \text{ mm}$$

根据给定机构尺寸参数，对给定 RRSS 机构的特征椭圆结构参数实际值进行求解，可得

$$A_0' = r_P \sin\alpha_z = 140\sin33° = 76.2495 \text{ mm}$$

$$B_0' = r_P \sin\alpha_z \cos\alpha_{12} = 140\sin33°\cos25° = 69.1055 \text{ mm}$$

$$A_1' = a_1 = 100 \text{ mm}$$

$$B_1' = -(r_P \cos\alpha_z - S_2)\sin\alpha_{12} = -(140\cos33° - 120)\sin25° = 1.0929 \text{ mm}$$

通过比较利用上述方法求解出的特征椭圆结构参数理论值(A_0、B_0、A_1、B_1)和实际值(A_0'、B_0'、A_1'、B_1')可以发现，两组结果完全一致，从而证明上述理论方法的正确性和有效性。

根据上述分析可知，利用采样点坐标，结合上述理论公式，可以求解出机架 F 点与坐标原点 O 不重合，但机架安装角度参数为 0° 的 RRSS 机构特征椭圆结构参数。在此基础上，通过对 RRSS 机构特征椭圆的分析发现，对于一般安装位置的 RRSS 机构 ($\theta_x \neq 0°$，$\theta_y \neq 0°$，$\theta_z \neq 0°$，$O_x \neq 0$，$O_y \neq 0$，$O_z \neq 0$)，只有当机架安装角度参数为 $\theta_x = 0°$、$\theta_y = 0°$、$\theta_z = 0°$ 或 $\theta_x = 180°$、$\theta_y = 180°$、$\theta_z = 180°$ 时，轨迹曲线预处理后的投影点才会与特征椭圆上的对应点重合。

例如，给定 RRSS 机构尺寸参数为 $a_1 = 20$ mm、$a_2 = 18$ mm、$a_3 = 12$ mm、$a_4 = 10$ mm、$S_1 = 14$ mm、$S_2 = 16$ mm、$r_P = 30$ mm、$\alpha_{12} = 27°$、$\alpha_{xy} = 18°$、$\alpha_z = 32°$，机构的起始角为 $\theta_1' = 0°$，输入构件相对起始角的最大转动角度为 $\theta_s = 50°$，机架安装位置参数为 $O_x = 55$ mm、$O_y = 25$ mm、$O_z = 10$ mm。图 6.4.5 为给定 RRSS 机构的特征点误差。图中二个放大的黑点表示的机架安装角度为 $[\theta_x, \theta_y, \theta_z] = [0°, 0°, 0°]$ 和 $[\theta_x, \theta_y, \theta_z] = [180°, 180°, 180°]$。可以看出，只有当给定 RRSS 的机架安装角度参数为上述两种情况时，特征点误差为 0。根据这一发现，我们将 18 维度的 RRSS 机构非整周期轨迹综合问题分为三步，可以有效地减小数据库的维度，降低匹配识别时间及数据库占用磁盘空间，提高综合效率和综合结果精度。

6.4.3　RRSS 机构输出轨迹曲线的动态自适应图谱库建立

根据 6.4.2 节的研究，对于机架 F 点与坐标原点 O 不重合，但机架安装角度参数为 0° 的 RRSS 机构，可以利用式(6.4.12)～式(6.4.37)求解目标机构的特征椭圆结构参数。对于任意给定一般安装位置的 RRSS 机构连杆轨迹曲线，可以通过建立机架安装角度参数数据库，根据数据库中存储的各组安装角度参数将给定轨迹

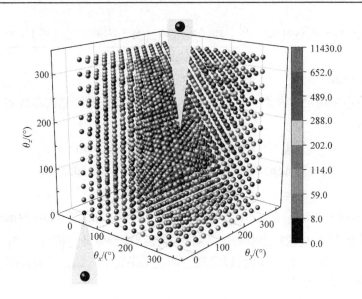

图 6.4.5 给定 RRSS 机构的特征点误差

曲线绕坐标轴进行旋转，寻找特征点误差近似为 0 时的旋转角度的方式，确定目标机构的机架安装角度。因此，基于数值图谱法的基本思路，我们建立了安装角度数据库,数据库中的每组数据包含三个机架安装角度参数和一个机构起始角度。机架安装角度参数和机构起始角度的初始值为 $\theta_x^{\min} = 0°$、$\theta_y^{\min} = 0°$、$\theta_z^{\min} = 0°$、$\theta_1'^{\min} = 0°$。机架安装角度参数的变化步长为 $3°$，机构起始角的变化步长为 $2°$。

根据空间坐标旋转矩阵，任意给定 RRSS 机构的机架依次绕 x 轴、y 轴、z 轴旋转 θ_x、θ_y、θ_z 后连杆轨迹曲线上第 n 个采样点可以表示为

$$
\begin{bmatrix} x_{PB}'^n \\ y_{PB}'^n \\ z_{PB}'^n \end{bmatrix} = \begin{bmatrix} c\theta_z & -s\theta_z & 0 \\ s\theta_z & c\theta_z & 0 \\ 0 & 0 & 1 \end{bmatrix} \begin{bmatrix} c\theta_y & 0 & s\theta_y \\ 0 & 1 & 0 \\ -s\theta_y & 0 & c\theta_y \end{bmatrix} \begin{bmatrix} 1 & 0 & 0 \\ 0 & c\theta_x & -s\theta_x \\ 0 & s\theta_x & c\theta_x \end{bmatrix} \begin{bmatrix} x_{PB}^n \\ y_{PB}^n \\ z_{PB}^n \end{bmatrix}
$$

$$
= \begin{bmatrix} c\theta_y c\theta_z & s\theta_x s\theta_y c\theta_z - c\theta_x s\theta_z & c\theta_x s\theta_y c\theta_z + s\theta_x s\theta_z \\ c\theta_y s\theta_z & s\theta_x s\theta_y s\theta_z + c\theta_x c\theta_z & c\theta_x s\theta_y s\theta_z - s\theta_x c\theta_z \\ -s\theta_y & s\theta_x c\theta_y & c\theta_x c\theta_y \end{bmatrix} \begin{bmatrix} x_{PB}^n \\ y_{PB}^n \\ z_{PB}^n \end{bmatrix} \tag{6.4.38}
$$

式中，$s\theta_x = \sin\theta_x$、$c\theta_x = \cos\theta_x$、$s\theta_y = \sin\theta_y$、$c\theta_y = \cos\theta_y$、$s\theta_z = \sin\theta_z$、$c\theta_z = \cos\theta_z$；x_{PB}^n、y_{PB}^n、z_{PB}^n 为给定标准安装位置 RRSS 机构连杆轨迹曲线上第 n 个采样点在三个坐标轴上的分量；$x_{PB}'^n$、$y_{PB}'^n$、$z_{PB}'^n$ 为给定机构旋转后的连杆轨迹曲线上第 n 个采样点在三个坐标轴上的分量。

对于相同的机构，假设机架安装角度参数为 $\theta_x + 180°$、$180° - \theta_y$、$\theta_z + 180°$，将给定机构按上述机架安装角度依次绕三个坐标轴进行旋转，旋转后机构连杆轨迹曲线上的第 n 个采样点可以表示为

$$\begin{bmatrix} x_{PB}^{nn} \\ y_{PB}^{nn} \\ z_{PB}^{nn} \end{bmatrix} = \begin{bmatrix} -c\theta_z & s\theta_z & 0 \\ -s\theta_z & -c\theta_z & 0 \\ 0 & 0 & 1 \end{bmatrix} \begin{bmatrix} -c\theta_y & 0 & s\theta_y \\ 0 & 1 & 0 \\ -s\theta_y & 0 & -c\theta_y \end{bmatrix} \begin{bmatrix} 1 & 0 & 0 \\ 0 & -c\theta_x & s\theta_x \\ 0 & -s\theta_x & -c\theta_x \end{bmatrix} \begin{bmatrix} x_{PB}^{n} \\ y_{PB}^{n} \\ z_{PB}^{n} \end{bmatrix}$$

$$= \begin{bmatrix} c\theta_y c\theta_z & s\theta_x s\theta_y c\theta_z - c\theta_x s\theta_z & c\theta_x s\theta_y c\theta_z + s\theta_x s\theta_z \\ c\theta_y s\theta_z & s\theta_x s\theta_y s\theta_z + c\theta_x c\theta_z & c\theta_x s\theta_y s\theta_z - s\theta_x c\theta_z \\ -s\theta_y & s\theta_x c\theta_y & c\theta_x c\theta_y \end{bmatrix} \begin{bmatrix} x_{PB}^{n} \\ y_{PB}^{n} \\ z_{PB}^{n} \end{bmatrix} \quad (6.4.39)$$

式中，x_{PB}^{nn}、y_{PB}^{nn}、z_{PB}^{nn} 为给定机构依次绕 x 轴、y 轴、z 轴旋转 $\theta_x + 180°$、$180° - \theta_y$、$\theta_z + 180°$ 后的连杆轨迹曲线上第 n 个采样点在三个坐标轴上的分量。

比较式(6.4.38)和式(6.4.39)可知，对于任意给定的机构，经上述两种旋转方式旋转后，连杆轨迹曲线完全相同。根据上述发现，我们令安装角度参数的最大值为 $\theta_x^{max} = 180°$、$\theta_y^{max} = 360°$、$\theta_z^{max} = 360°$。

对于机构起始角的最大值，首先假设给定连杆轨迹曲线的坐标为 x_P''、y_P''、z_P''，机构起始角为 θ_1'，输入构件转角为 θ_A''，将给定轨迹曲线依次绕 z 轴、y 轴、x 轴旋转 θ_z、θ_y、θ_x。旋转后连杆轨迹曲线的坐标可以表示为

$$\begin{bmatrix} x_{PTR} \\ y_{PTR} \\ z_{PTR} \end{bmatrix} = \begin{bmatrix} 1 & 0 & 0 \\ 0 & c\theta_x & -s\theta_x \\ 0 & s\theta_x & c\theta_x \end{bmatrix} \begin{bmatrix} c\theta_y & 0 & s\theta_y \\ 0 & 1 & 0 \\ -s\theta_y & 0 & c\theta_y \end{bmatrix} \begin{bmatrix} c\theta_z & -s\theta_z & 0 \\ s\theta_z & c\theta_z & 0 \\ 0 & 0 & 1 \end{bmatrix} \begin{bmatrix} x_P'' \\ y_P'' \\ z_P'' \end{bmatrix} \quad (6.4.40)$$

对轨迹曲线进行预处理，预处理后的轨迹曲线在 Oxy 平面上的投影可以表示为

$$\begin{bmatrix} x_{PT} \\ y_{PT} \end{bmatrix} = \begin{bmatrix} \cos\theta_A'' & \sin\theta_A'' \\ -\sin\theta_A'' & \cos\theta_A'' \end{bmatrix} \begin{bmatrix} x_{PTR} \\ y_{PTR} \end{bmatrix} \quad (6.4.41)$$

将 x_{PTR} 和 y_{PTR} 代入式(6.4.41)，可得预处理后轨迹曲线在 x 轴和 y 轴的分量，即

$$x_{PT} = \cos\theta_A'' \left(x_P'' \cos\theta_y \cos\theta_z - y_P'' \cos\theta_y \sin\theta_z + z_P'' \sin\theta_y \right)$$
$$+ \sin\theta_A'' \Big[x_P'' \left(\sin\theta_x \sin\theta_y \cos\theta_z + \cos\theta_x \sin\theta_z \right)$$
$$- y_P'' \left(\sin\theta_x \sin\theta_y \sin\theta_z - \cos\theta_x \cos\theta_z \right) - z_P'' \sin\theta_x \cos\theta_y \Big] \quad (6.4.42)$$

$$y_{PT} = -\sin\theta''_A\left(x''_P\cos\theta_y\cos\theta_z - y''_P\cos\theta_y\sin\theta_z + z''_P\sin\theta_y\right)$$
$$+\cos\theta''_A\big[x''_P\left(\sin\theta_x\sin\theta_y\cos\theta_z + \cos\theta_x\sin\theta_z\right)$$
$$-y''_P\left(\sin\theta_x\sin\theta_y\sin\theta_z - \cos\theta_x\cos\theta_z\right) - z''_P\sin\theta_x\cos\theta_y\big] \tag{6.4.43}$$

对于相同的轨迹曲线，假设机构起始角为 $\theta'_1 + 180°$，此时输入构件转角为 $\theta''_A + 180°$，将上述给定连杆轨迹曲线依次绕 z 轴、y 轴、x 轴旋转 θ_z、$180° + \theta_y$、$180° - \theta_x$，旋转后连杆轨迹曲线的坐标可以表示为

$$\begin{bmatrix} x'_{PTR} \\ y'_{PTR} \\ z'_{PTR} \end{bmatrix} = \begin{bmatrix} 1 & 0 & 0 \\ 0 & -c\theta_x & -s\theta_x \\ 0 & s\theta_x & -c\theta_x \end{bmatrix} \begin{bmatrix} -c\theta_y & 0 & -s\theta_y \\ 0 & 1 & 0 \\ s\theta_y & 0 & -c\theta_y \end{bmatrix} \begin{bmatrix} c\theta_z & -s\theta_z & 0 \\ s\theta_z & c\theta_z & 0 \\ 0 & 0 & 1 \end{bmatrix} \begin{bmatrix} x''_P \\ y''_P \\ z''_P \end{bmatrix} \tag{6.4.44}$$

对轨迹曲线进行预处理，预处理后的轨迹曲线在 Oxy 平面上的投影可以表示为

$$\begin{bmatrix} x'_{PT} \\ y'_{PT} \end{bmatrix} = \begin{bmatrix} -\cos\theta''_A & -\sin\theta''_A \\ \sin\theta''_A & -\cos\theta''_A \end{bmatrix} \begin{bmatrix} x'_{PTR} \\ y'_{PTR} \end{bmatrix} \tag{6.4.45}$$

将 x'_{PTR} 和 y'_{PTR} 代入式(6.4.45)，预处理后轨迹曲线在 x 轴和 y 轴的分量可以表示为

$$x'_{PT} = \cos\theta''_A\left(x''_P\cos\theta_y\cos\theta_z - y''_P\cos\theta_y\sin\theta_z + z''_P\sin\theta_y\right)$$
$$+\sin\theta''_A\big[x''_P\left(\sin\theta_x\sin\theta_y\cos\theta_z + \cos\theta_x\sin\theta_z\right)$$
$$-y''_P\left(\sin\theta_x\sin\theta_y\sin\theta_z - \cos\theta_x\cos\theta_z\right) - z''_P\sin\theta_x\cos\theta_y\big] \tag{6.4.46}$$

$$y'_{PT} = -\sin\theta''_A\left(x''_P\cos\theta_y\cos\theta_z - y''_P\cos\theta_y\sin\theta_z + z''_P\sin\theta_y\right)$$
$$+\cos\theta''_A\big[x''_P\left(\sin\theta_x\sin\theta_y\cos\theta_z + \cos\theta_x\sin\theta_z\right)$$
$$-y''_P\left(\sin\theta_x\sin\theta_y\sin\theta_z - \cos\theta_x\cos\theta_z\right) - z''_P\sin\theta_x\cos\theta_y\big] \tag{6.4.47}$$

比较式(6.4.42)和式(6.4.46)，式(6.4.43)和式(6.4.47)可知，对于任意给定连杆轨迹曲线，上述两种情况得到的预处理后的投影曲线完全相同。根据上述发现，我们令起始角的最大值为 $\theta_1^{\max} = 180°$，可以建立包含 77 760 000 组参数的安装角度数据库。

结合 RRSS 机构特征椭圆结构参数提取方法，根据数据库中各组机架安装角度参数对给定轨迹曲线进行旋转，并对旋转后的轨迹曲线进行离散化采样。根据式(6.4.12)～式(6.4.37)可知，轨迹曲线上每四个采样点可以得到一组特征椭圆结构参数。因此，为提高综合精度，我们对采样点进行分组，提取多组采样点的特征

椭圆结构参数，利用多组特征椭圆结构参数的平均值建立特征椭圆曲线。进而，通过比较特征点误差值，确定目标机构的机架安装角度参数。特征点误差可以表示为

$$\delta_1 = \sum_{n=1}^{2^j} \sqrt{\left[x_{FE}(\alpha_{xy} - \theta_2^n) - x_{FC}(\alpha_{xy} - \theta_2^n) \right]^2 + \left[y_{FE}(\alpha_{xy} - \theta_2^n) - y_{FC}(\alpha_{xy} - \theta_2^n) \right]^2} \quad (6.4.48)$$

式中，$x_{FE}(\alpha_{xy} - \theta_2^n)$ 和 $y_{FE}(\alpha_{xy} - \theta_2^n)$ 为特征椭圆曲线上第 n 个采样点在 x 轴和 y 轴上的分量；$x_{FC}(\alpha_{xy} - \theta_2^n)$ 和 $y_{FC}(\alpha_{xy} - \theta_2^n)$ 为预处理后连杆轨迹曲线上第 n 个采样点在 x 轴和 y 轴上的分量(n=1, 2, $\cdots$, 2^j)。

在此基础上，根据式(6.4.12)~式(6.4.29)，可以得到目标机构输入构件旋转轴与连杆旋转轴的夹角(α_{12})和目标机构特征椭圆曲线上投影点的离心角($\alpha_{xy} - \theta_2$)。定义上述参数为机构特征参数(α_{12} 和 $\alpha_{xy} - \theta_2$)，利用 Db1 小波对目标机构特征椭圆曲线上采样点的离心角进行小波变换，离心角的 j 级小波展开式可以表示为

$$f\left(\alpha_{xy} - \theta_2 \right) = a_{(j,1)}\phi_{(j,1)} + \sum_{J=1}^{j} \sum_{l=1}^{2^{j-J}} \left[d_{(J,l)}\psi_{(J,l)} \right] \quad (6.4.49)$$

$$a_{(j,1)} = \frac{\left(\alpha_{xy} - \theta_2^1 \right) + \cdots + \left(\alpha_{xy} - \theta_2^{2^j} \right)}{2^j} \quad (6.4.50)$$

$$d_{(J,l)} = \frac{\left[\left(\alpha_{xy} - \theta_2^{2^J l - 2^J + 1} \right) + \cdots + \left(\alpha_{xy} - \theta_2^{2^J l - 2^{J-1}} \right) \right] - \left[\left(\alpha_{xy} - \theta_2^{2^J l - 2^{J-1} + 1} \right) + \cdots + \left(\alpha_{xy} - \theta_2^{2^J l} \right) \right]}{2^J}$$

$$(6.4.51)$$

$$\phi_{(j,1)} = \phi\left(\frac{\theta_A - \theta_A^1}{\theta_s} \right) = \begin{cases} 1, & 0 \leqslant \dfrac{\theta_A - \theta_A^1}{\theta_s} < 1 \\ 0, & \text{其他} \end{cases} \quad (6.4.52)$$

$$\psi_{(J,l)} = \psi\left(2^{j-J}\frac{\theta_A - \theta_A^1}{\theta_s} - l + 1 \right) = \begin{cases} 1, & 0 \leqslant 2^{j-J}\dfrac{\theta_A - \theta_A^1}{\theta_s} - l + 1 < \dfrac{1}{2} \\ -1, & \dfrac{1}{2} \leqslant 2^{j-J}\dfrac{\theta_A - \theta_A^1}{\theta_s} - l + 1 < 1 \\ 0, & \text{其他} \end{cases} \quad (6.4.53)$$

根据几何关系可知，RRSS 机构第 n 个采样点的连杆转角(θ_2^n)可以表示为

$$\theta_2^n = 2\arctan\left(\frac{e_1 - \sqrt{e_1^2 + e_2^2 - e_3^2}}{e_3 - e_2} \right) \quad (6.4.54)$$

式中，$e_1 = \cos\alpha_{12}\sin\theta_A^n + S_1\sin\alpha_{12}/a_4$；$e_2 = -\cos\theta_A^n + a_1/a_4$；$e_3 = (a_1^2 + a_2^2 - a_3^2 + a_4^2 + S_1^2 + S_2^2 - 2S_1S_2\cos\alpha_{12})/(2a_2a_4) + (S_2\sin\alpha_{12}\sin\theta_A^n - a_1\cos\theta_A^n)/a_2$。

根据式(6.4.54)可知，RRSS 机构的连杆转角与 7 个特征尺寸型(a_1、a_2、a_3、a_4、S_1、S_2、α_{12})，以及输入构件转角(θ_A)有关。RRSS 机构的机架安装位置参数变化、连杆上 P 点的位置变化，以及机构的整体缩放对连杆转角没有影响。根据小波分解方法，对连杆转角进行小波变换，可得连杆转角的 j 级小波展开式，即

$$f(\theta_2) = a'_{(j,1)}\phi_{(j,1)} + \sum_{J=1}^{j}\sum_{l=1}^{2^{j-J}}\left[d'_{(J,l)}\psi_{(J,l)}\right] \tag{6.4.55}$$

$$a'_{(j,1)} = \frac{\theta_2^1 + \cdots + \theta_2^{2^j}}{2^j} \tag{6.4.56}$$

$$d'_{(J,l)} = \frac{\left(\theta_2^{2^Jl - 2^J + 1} + \cdots + \theta_2^{2^Jl - 2^{J-1}}\right) - \left(\theta_2^{2^Jl - 2^{J-1} + 1} + \cdots + \theta_2^{2^Jl}\right)}{2^J} \tag{6.4.57}$$

比较式(6.4.51)和式(6.4.57)可知，机构特征椭圆曲线上采样点的离心角和对应连杆转角的小波细节系数互为相反数。根据这一发现，我们将 RRSS 机构连杆转角的后 3 级小波细节系数作为 RRSS 机构的输出小波特征参数建立动态自适应数谱库。图谱库由 RRSS 机构特征尺寸型和对应的输出小波特征参数构成。通过计算给定轨迹曲线离心角的输出小波特征参数与图谱库中储存的输出小波特征参数的相反数之间的误差，确定目标机构的特征尺寸型。误差函数可以表示为

$$\delta_2 = \sum_{J=j-2}^{j}\sum_{l=1}^{2^{j-J}}\left|d_{(J,l)} - \left(-d'_{(J,l)}\right)\right| \tag{6.4.58}$$

式中，$d_{(J,l)}$ 为给定轨迹曲线机构特征参数中离心角的输出小波特征参数；$d'_{(J,l)}$ 为数据库中存储的特征尺寸型生成机构的连杆转角输出小波特征参数。

6.4.4　RRSS 机构轨迹综合步骤

利用 6.4.3 节建立的安装角度数据库，结合输出小波特征参数法，对目标机构进行轨迹综合。空间 RRSS 机构轨迹综合步骤(图 6.4.6)如下。

① 根据安装角度数据库中各组机架安装角度参数对给定目标曲线进行旋转，进而根据各组机架安装角度参数对应的机构起始角对旋转后的轨迹曲线进行预处理，并提取特征椭圆结构参数。通过计算特征点误差，可以确定目标机构的机架安装角度、机构起始角，以及机构特征参数。

② 对步骤①所得目标机构特征椭圆曲线上采样点的离心角进行小波变换，提取输出小波特征参数。

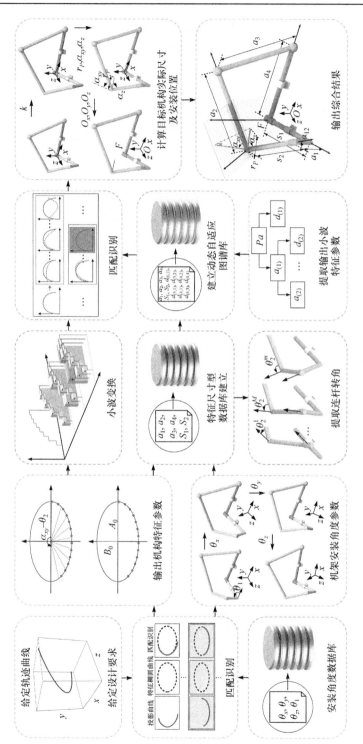

图6.4.6　空间RRSS机构轨迹综合步骤

③ 建立 RRSS 机构特征尺寸型数据库。根据步骤①所得目标机构的起始角和输入构件旋转轴与连杆旋转轴的夹角，提取数据库中各组特征尺寸型生成机构的连杆转角。

④ 根据小波理论，对步骤③所得各组连杆转角进行小波变换，提取输出小波特征参数，建立空间 RRSS 机构连杆轨迹曲线的动态自适应图谱库。

⑤ 根据目标机构离心角的输出小波特征参数与图谱库中储存的输出小波特征参数的误差，输出多组误差最小的特征尺寸型。

⑥ 根据给定目标轨迹曲线，结合步骤①～⑤所得的目标机构的机架安装角度参数、机构起始角、机构特征参数和特征尺寸型，对目标机构的机架安装位置参数，实际杆长尺寸，以及连杆上 P 点的位置参数进行求解。

具体理论公式如下。

① 目标机构 x' 轴与 CP 在 $O'x'y'$ 平面上投影的夹角 α_{xy}，即

$$\alpha_{xy} = a_{(j,1)} + a'_{(j,1)} \tag{6.4.59}$$

式中，$a_{(j,1)}$ 为给定轨迹曲线离心角的小波近似系数；$a'_{(j,1)}$ 为所得尺寸参数生成机构的连杆转角小波近似系数。

② 目标机构实际杆长尺寸与所得特征尺寸型的比值 k，即

$$k = \frac{A'}{a_1} \tag{6.4.60}$$

式中，A' 为目标机构特征椭圆中心 x 坐标；a_1 为特征尺寸型中输入构件 AB 杆长。

③ 目标机构 CP 长度 r_P 和 CP 与 z' 轴的夹角 α_z 为

$$r_P = \sqrt{A_0'^{\,2} + \left(-\frac{B_1'}{\sin\alpha_{12}} + kS_2 \right)^2} \tag{6.4.61}$$

$$\alpha_z = \arctan\left[\frac{A_0'}{(-B_1'/\sin\alpha_{12} + kS_2)} \right] \tag{6.4.62}$$

式中，A_0' 为目标机构特征椭圆长半轴长度；B_1' 为特征椭圆中心 y 坐标；S_2 为特征尺寸型中连杆 BC 杆长。

④ 目标机构机架安装位置参数 O_x、O_y、O_z 为

$$O_x = \frac{\sum_{n=1}^{2^j} \left[x_P(\theta_1^n) - x_P'(\theta_1^n) \right]}{2^j} \tag{6.4.63}$$

$$O_y = \frac{\sum_{n=1}^{2^j} \left[y_P(\theta_1^n) - y_P'(\theta_1^n) \right]}{2^j} \tag{6.4.64}$$

$$O_z = \frac{\sum_{n=1}^{2^j}\left[z_P(\theta_1^n) - z'_P(\theta_1^n) \right]}{2^j} \tag{6.4.65}$$

式中，x'_P、y'_P、z'_P 为给定轨迹曲线绕三个坐标轴旋转所得机架安装角度后的采样点坐标值；x_P、y_P、z_P 为目标机构尺寸参数生成的标准安装位置 RRSS 机构的连杆轨迹曲线采样点坐标值。

根据式(6.4.59)～式(6.4.65)，可以得到目标机构的机架安装位置参数、实际杆长尺寸，以及连杆上 P 点的位置参数。

6.4.5　RRSS 机构轨迹综合算例

1. 算例 1

给定目标轨迹曲线为从坐标点(5，5，5)到坐标点(20，20，20)的直线。利用我们所提出的输出小波特征参数法对目标机构进行轨迹综合，结果如表 6.4.2 所示。其中，δ_3 为给定轨迹曲线采样点与综合结果的连杆轨迹曲线对应采样点的平均欧氏距离误差。综合过程所用时间为 374.7734s。第 1 组综合结果与目标轨迹曲线的拟合图如图 6.4.7 所示。图中，实线为给定轨迹曲线，圆点为综合结果的轨迹曲线。第 1 组综合结果的误差图如图 6.4.8 所示。

表 6.4.2　算例 1 综合结果

目标机构实际尺寸及安装位置	第 1 组	第 2 组	第 3 组
a_1/cm	3.5023	3.5023	3.5023
a_2/cm	122.5799	143.5937	16.5108
a_3/cm	108.5708	108.5708	8.5055
a_4/cm	38.5251	52.5343	14.5095
S_1/cm	10.5069	3.5023	0.5003
S_2/cm	66.5434	38.5251	6.5042
α_{12}/(°)	350.8429	350.8429	350.8429
α_{xy}/(°)	167.4062	169.3773	185.9927
α_{zz}/(°)	70.5858	78.5142	88.1308
r_P/cm	199.0588	191.5769	187.8403
θ_x/(°)	54	54	54
θ_y/(°)	156	156	156
θ_z/(°)	294	294	294
O_x/cm	175.3834	175.3834	175.3834
O_y/cm	56.5990	56.5990	56.5990

续表

目标机构实际尺寸及安装位置	第 1 组	第 2 组	第 3 组
O_z/cm	−18.8562	−11.8517	−8.8497
θ_1'/(°)	18	18	18
δ_3	0.0591	0.0670	0.1015

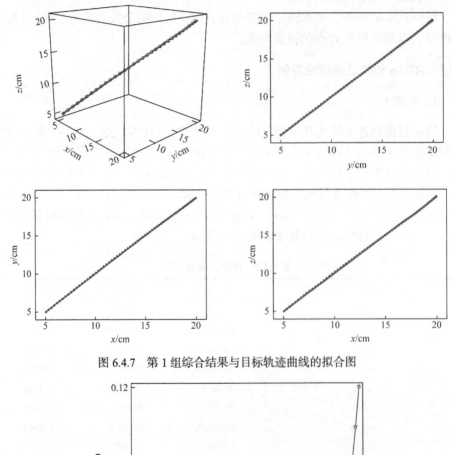

图 6.4.7　第 1 组综合结果与目标轨迹曲线的拟合图

图 6.4.8　第 1 组综合结果的误差图

2. 算例 2

目标轨迹曲线的参数方程为

$$x = 4\cos(0.3\theta + 2.6 \times 180° / \pi) + 3\sin\theta$$
$$y = 4\sin(0.3\theta + 2.6 \times 180° / \pi) - 3\cos\theta$$
$$z = 5\sin(0.3\theta + 2.6 \times 180° / \pi)$$

式中，$\theta \in [54°, 165°]$。

利用我们提出的轨迹综合方法，对目标机构进行轨迹综合，结果如表 6.4.3 所示。综合过程所用时间为 380.3019s。图 6.4.9 为第 1 组综合结果与目标轨迹曲线的拟合图。图中，实线为给定轨迹曲线，圆点为综合结果的连杆轨迹曲线。图 6.4.10 为第 1 组综合结果的误差图。图 6.4.11 为第 2 组综合结果的 CATIA 装配图。CATIA 仿真模块传感器输出连杆轨迹曲线如图 6.4.12 所示。对比图 6.4.9 和图 6.4.12 可知，综合结果的轨迹曲线与目标轨迹曲线一致，证明了机构模型的正确性和轨迹综合方法的有效性。

表 6.4.3 算例 2 综合结果

目标机构实际尺寸及安装位置	第 1 组	第 2 组	第 3 组
a_1/cm	9.8238	9.8238	9.8238
a_2/cm	60.9076	15.4374	33.0437
a_3/cm	29.4714	5.1458	20.5407
a_4/cm	9.8238	3.2746	4.4654
S_1/cm	68.7666	9.8238	16.9684
S_2/cm	17.6828	3.2746	4.4654
α_{12}/(°)	306.4023	306.4023	306.4023
α_{xy}/(°)	94.0024	53.9680	83.1127
α_z/(°)	27.2180	72.5653	65.8305
r_P/cm	19.3235	9.2637	9.6873
θ_x/(°)	183	183	183
θ_y/(°)	354	354	354
θ_z/(°)	228	228	228
O_x/cm	1.1516	1.1516	1.1516
O_y/cm	1.6648	1.6648	1.6648
O_z/cm	−68.3526	− 9.4098	−16.5544
θ_1'/(°)	268	268	268
δ	0.0099	0.0107	0.0159

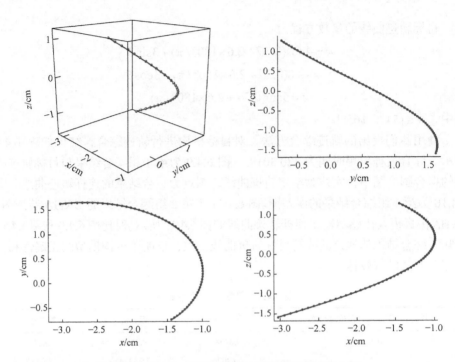

图 6.4.9　第 1 组综合结果与目标轨迹曲线的拟合图

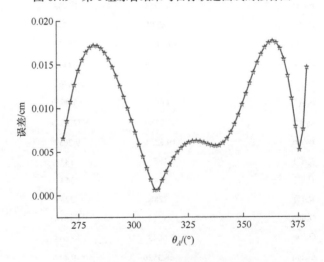

图 6.4.10　第 1 组综合结果的误差图

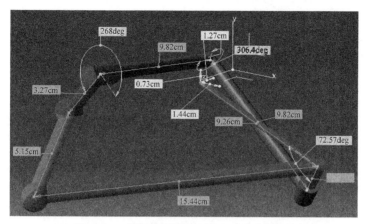

图 6.4.11　第 2 组综合结果的 CATIA 装配图

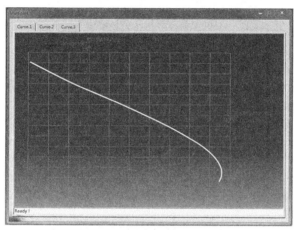

(a) 轨迹曲线在 Oyz 平面上的投影

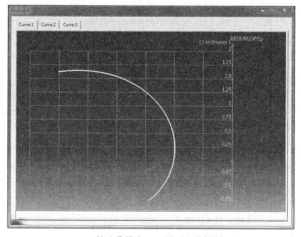

(b) 轨迹曲线在 Oxy 平面上的投影

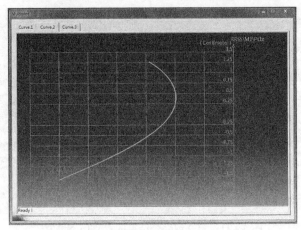

(c) 轨迹曲线在 Oxz 平面上的投影

图 6.4.12　CATIA 仿真模块传感器输出连杆轨迹曲线

参 考 文 献

[1] Jimemez J M, Alcarez G. A simple and general method for kinematic synthesis of spatial mechanisms. Mechanism and Machine Theory, 1997, 32(3):323-341.

[2] Rao A V M, Sandor G N, Kohli D, et al. Closed form synthesis of spatial function generating mechanism for the maximum number of precision points. Journal of Engineering for Industry, 1973, 95(3):725-736.

[3] Zhao P, Li X Y, Purwar A, et al. A task-driven unified synthesis of planar four-bar and six-bar linkages with R-and P-Joints for five-position realization. Journal of Mechanisms and Robotics, 2016, 8(6):61003.

[4] Cervantes-Sánchez J J, Rico-Martínez J M, Pérez-Muñoz V H. A bitangilagy function generation with the RRRCR spatial linkage. Mechanism and Machine Theory, 2014, 74:58-81.

[5] Chu J K, Sun J W. A new approach to dimension synthesis of spatial four-bar linkage through numerical atlas method. Journal of Mechanisms and Robotics, 2010, 80(2):143-145.

[6] Liu W R, Sun J W, Chu J K. Synthesis of a spatial RRSS mechanism for path generation using the numerical atlas method. Journal of Mechanical Design, 2020, 142(1): 12303.

[7] Sun J W, Chu J K, Sun B Y. A unified model of harmonic characteristic parameter method for dimensional synthesis of linkage mechanism. Applied Mathematical Modelling, 2012, 36: 6001-6010.

[8] Sun J W, Chu J K. Fourier series representation of the coupler curves of spatial linkages. Applied Mathematical Modelling, 2010, 34(5): 1396-1403.

[9] Sun J W, Mu D Q, Chu J K. Fourier series method for path generation of RCCC mechanism. Journal of Mechanical Engineering Science, 2012, 226(2):618-627.

[10] Liu W R, Sun J W, Zhang B C, et al. A novel synthesis method for nonperiodic function generation of an RCCC mechanism. Journal of Mechanisms and Robotics, 2018, 10(3):34502.

[11] Sun J W, Liu Q, Chu J K. Motion generation of RCCC mechanism using numerical atlas. Mechanics Based Design of Structures and Machines, 2017, 45(1):62-75.

[12] Dhall S, Kramer S N. Design and analysis of the HCCC, RCCC, and PCCC spatial mechanisms for function generation. Journal of Mechanical Design, 1990, 112(1):74.

[13] Sun J W, Chu J K. Fourier method to function synthesis of an RCCC mechanism. Journal of Mechanical Engineering Science, 2009, 223(2):503-513.

[14] Su H, Collins C L, Mccarthy J M. Classification of RRSS linkages. Mechanism and Machine Theory, 2002, 37(11):1413-1433.

第七章 尺度综合的输出小波特征参数法的应用

7.1 概　　述

在理论研究的基础上，本章结合傅里叶级数法对连杆机构整周期尺度综合的研究成果，开发了界面友好、实用性强的连杆机构尺度综合 CAD 系统。基于本方法设计可调座椅的位姿调整机构和滚压包边设备的滚轮进给机构。根据人体工程学原理，我们提取坐姿调整过程中臀部和背部的协同运动关系作为设计要求，设计满足给定设计要求的平面六杆机构杆长尺寸和安装参数。利用平面六杆机构的滑块位移输出和刚体导引输出实现可调座椅座面和靠背的双向协同调节。根据滚压包边目标路径的几何特点进行滚压包边路径规划，并以该路径(即滚轮进给曲线)作为设计要求，设计满足给定设计要求的平面四杆机构杆长尺寸和安装参数。利用四杆机构取代目前普遍采用的工业机器人来带动滚轮实现滚压包边。通过对实际机构的设计及实验研究为可调座椅设计及滚压包边设备的滚轮进给机构提供新的思路，同时验证本方法的实用性和有效性。

7.2　连杆机构尺度综合的 CAD 系统开发

连杆机构尺度综合是一个复杂的过程。对于少位置给定设计要求(9 个给定位置以下)的尺度综合问题，目前主要采用精确点法对此类问题进行求解。该类方法通过求解非线性方程组，可以精确地计算出目标机构的尺寸参数和安装位置参数。现阶段主流的连杆机构尺度综合 CAD 系统大多基于精确点法对目标机构进行设计[1]。然而，在实际工程应用中，对于多位置、大范围及多工况等情况，使用精确点法进行求解往往难以实现。对于多位置给定设计要求的尺度综合问题，现阶段的主要设计方法是近似综合法和数值图谱法。近似综合法的基本思路是通过建立目标函数，约束设计变量，利用优化算法对目标机构尺寸参数和安装位置参数进行设计。基于近似综合法的连杆机构尺度综合 CAD 系统的优点是综合速度快、不受给定精确点个数的限制。但该类系统受优化初值的影响较大，同时可重复性较差。与近似综合法相比，数值图谱法更加直观，可以把握机构大体的运动趋势和形状，避免近似综合法存在的非线性方程组求解、优化初值选取，以及解的稳定性等问题。因此，基于数值图谱法开发的连杆机构尺度综合 CAD 系统具有操作简单、过程直观、可重复性高等优点[2]。

目前，对于基于数值图谱法的机构尺度综合 CAD 系统的研究，大多局限于整周期设计要求的平面连杆机构，缺少可用于求解多位置、非整周期设计要求的连杆机构尺度综合的 CAD 系统[2-5]。因此，我们基于输出小波特征参数法的研究成果，结合相对成熟的基于傅里叶级数的整周期尺度综合的数值图谱法，开发了界面友好、实用性强的连杆机构尺度综合 CAD 系统。连杆机构尺度综合 CAD 系统的技术路线图如图 7.2.1 所示。对于非整周期给定设计要求的尺度综合问题，采用我们提出的输出小波特征参数法作为设计方法；对于整周期给定设计要求的尺度综合问题，采用目前比较成熟的傅里叶级数法作为设计方法。借助 MATLAB 实现数据库建立、机构尺寸型检索及机构实际尺寸计算。最后，通过方法库管理、数据库管理、机构设计结果显示等几部分功能模块，用户可以在人机交互的方式下进行综合方法选择、机构类型选择、机构尺寸设计、设计结果选择、设计结果评估、机构仿真。

图 7.2.1　连杆机构尺度综合 CAD 系统的技术路线图

首先，基于我们提出的数据库建立方法，结合傅里叶级数法，建立 CAD 系统的数据库模块，为机构尺寸型匹配识别提供样本。然后，对特征提取和匹配识别模块进行开发，实现对数据库中尺寸型生成机构输出曲线的特征参数提取，以及目标机构尺寸型的匹配识别。在此基础上，建立实际尺寸计算模块，根据匹配识别获得的机构尺寸型，计算机构杆长和安装位置。通过设计结果输出模块将拟合比较、误差曲线和机构实际尺寸等信息输出到用户界面，使设计人员可以对多组设计结果进行比较，从而确定最终的机构尺寸参数。图 7.2.2 为 CAD 系统的设计向导结构图。系统主要包括六大功能模块。

(1) 连杆机构数据库模块

该模块包括平面、球面及空间连杆机构的基本尺寸型数据库、特征尺寸型数据库，以及根据用户给定设计条件建立的动态自适应图谱库。对于不同类型的设计条件，系统根据用户选择，导入基本尺寸型数据库(图 7.2.3)或特征尺寸型数据库的 MAT 文件，结合特征参数提取方法(输出小波特征参数法或傅里叶级数法)，

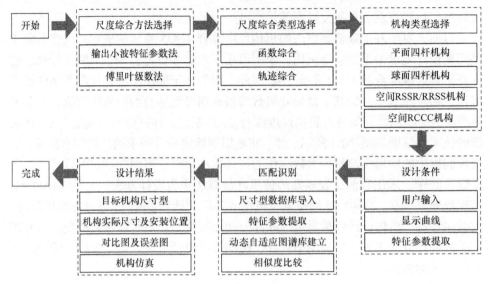

图 7.2.2　CAD 系统的设计向导结构图

对数据库中尺寸型生成机构的输出曲线进行参数化处理，建立连杆机构输出曲线的动态自适应图谱库。图谱库中只存储尺寸型编号及对应的特征参数。

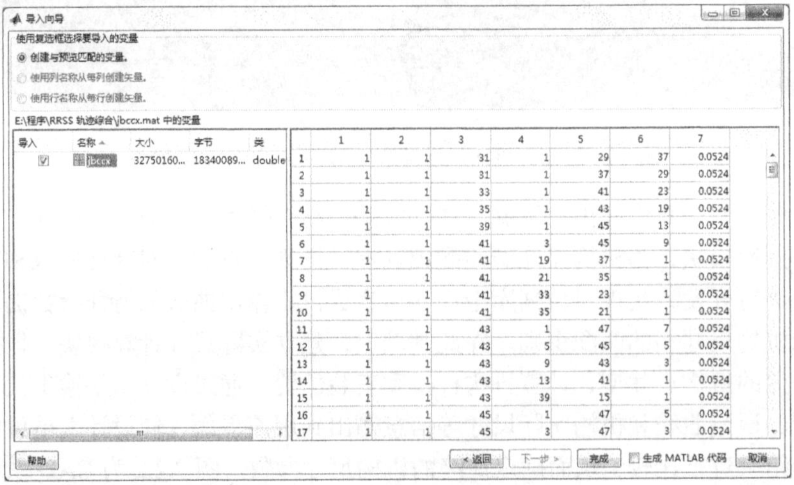

图 7.2.3　基本尺寸型数据库

(2) 连杆机构输出曲线参数化处理模块

该模块是连杆机构尺度综合 CAD 系统的核心，主要包括机构输出数学模型、输出曲线预处理、输出小波特征参数提取、目标机构实际尺寸及安装位置参数等理论计算的 MATLAB 程序，以及傅里叶级数法的相关程序。由于输出曲线特征参数提取过程的复杂性，输出曲线特征提取的程序利用 MATLAB 的 parfor 函数进行并行运算。MATLAB 并行算法程序如图 7.2.4 所示。

```
6 -    parfor nn=1:120;
7 -        qsj=nn*3-1;
8 -        row=size(jbccx1,1);
9 -        Termination_angle=ones(row,1)*[qsj,sjqj];
10 -       qbccx=[jbccx1,Termination_angle];
11 -       EG_BDT=num2cell(qbccx,2);
12 -       WFP_BDT=cell2mat(arrayfun(@RSSR,EG_BDT,'UniformOutput',false));
13 -       t=find(WFP_BDT(:,1)<1000);
14 -       cc=size(t,1);
15 -       ccx=jbccx1(t,:);
16 -       wfp=WFP_BDT(t,:);
17 -       ag=Termination_angle(1:cc,:);
18 -       WFPD(nn,1)={[ccx ag wfp]};
19 -   end
20 -   WFPD=cell2mat(WFPD);
```

图 7.2.4　MATLAB 并行算法程序

(3) 匹配识别模块

该模块根据目标曲线的特征参数与图谱库中存储的特征参数之间的相似度，对机构尺寸型进行排序，输出若干组误差最小的机构尺寸型编号。然后，从基本尺寸型数据库或特征尺寸型数据库检索目标机构的尺寸型。

(4) 人机界面模块

人机界面模块为用户提供与计算机之间的对话机制，包括导航控件、参数输入控件、显示控件、数据导出控件等。基于 MATLAB 强大的计算能力，以及方便的数据可视化功能，系统能够很好地理解用户要求，实现根据用户需求对连杆机构进行设计的目的。

(5) 选择界面模块

选择界面模块提供尺度综合方法选择、尺度综合类型选择、连杆机构类型选择，以及设计结果选择等。

(6) 设计结果输出模块

该模块可输出多组设计结果的尺寸型及相应的机构特征参数等信息。同时，可以根据给定设计条件，通过尺寸还原程序计算目标机构的实际尺寸及安装位置，输出设计结果生成机构输出曲线与目标曲线的拟合图、误差图，以及综合结果的运动仿真。

上述六大模块紧密结合，可以实现平面连杆机构、球面连杆机构及空间连杆机构任意相对转动区间(整周期和非整周期)尺度综合。例如，利用开发的 CAD 系统对空间 RSSR 连杆机构进行非整周期函数综合。给定目标机构输出函数曲线的参数方程为

$$y = \mathrm{e}^{x \cdot \pi/180°} / 3 \times 180° / \pi$$

式中，$x \in [0, 90°]$。

首先，根据设计要求，在系统中(图 7.2.5)选择对应的尺度综合方法、机构尺度综合类型，以及尺度综合类型(图 7.2.6)，对给定函数曲线进行离散化采样，将采样点录入系统。然后，利用系统中的连杆机构输出曲线参数化处理模块、连杆机构数据库

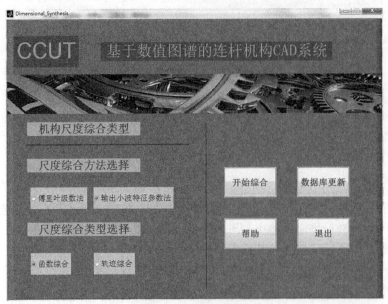

图 7.2.5 系统主界面

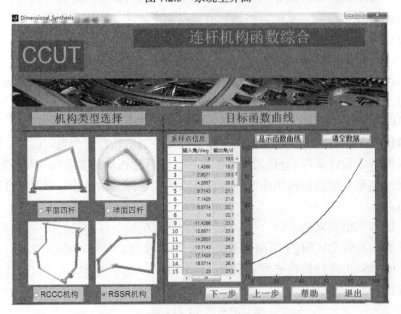

图 7.2.6 机构类型选择及给定设计要求

模块、匹配识别模块对目标机构基本尺寸型进行匹配识别。图 7.2.7 为目标机构基本尺寸型及输出小波特征参数。根据匹配识别模式可知，第 1 组综合结果的误差最小。我们利用设计结果输出模块对目标机构的安装位置进行计算，并保存综合结果 (图 7.2.8)。综合结果误差最小的 3 组如表 7.2.1 所示。图 7.2.9 为第 1 组综合结果输出曲线与给定曲线的对比图。图 7.2.10 为第 1 组综合结果的误差图。最后，用户可

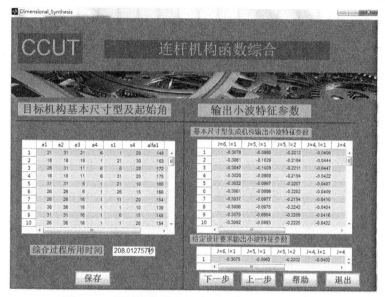

图 7.2.7　目标机构基本尺寸型及输出小波特征参数

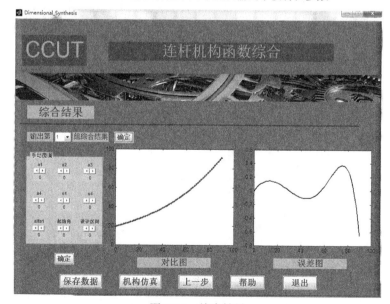

图 7.2.8　综合结果

以通过 CAD 系统的机构仿真功能观察设计结果的尺寸及运动情况。图 7.2.11 为第 1 组综合结果生成 RSSR 机构的仿真模型。算例综合过程共用时 208.012757 s。

表 7.2.1　综合结果误差最小的 3 组

目标机构实际尺寸及安装位置	第 1 组	第 2 组	第 3 组
a_1/cm	21	16	26
a_2/cm	31	16	31
a_3/cm	21	16	11
a_4/cm	6	1	6
S_1/cm	1	21	6
S_4/cm	20	10	20
α_1/(°)	148	160	172
θ_1^i/(°)	158	173	125
θ_{ia}/(°)	113.5941	95.1806	175.8822
δ	0.0093	0.0135	0.0129

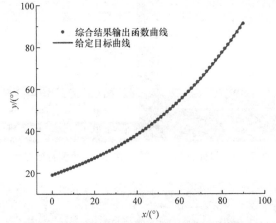

图 7.2.9　第 1 组综合结果输出曲线与给定曲线的对比图

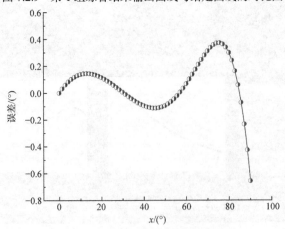

图 7.2.10　第 1 组综合结果的误差图

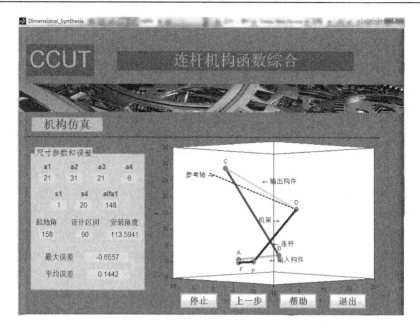

图 7.2.11 第 1 组综合结果生成 RSSR 机构的仿真模型

7.3 滚压包边滚轮进给机构的设计

利用本书提出的方法,对滚压包边设备的滚轮进给机构进行设计[6,7]。如图 7.3.1 所示,滚轮进给机构的一个铰点与十字滑台连接,另一个铰点与伺服电动机连接,通过伺服电动机带动输入构件在特定区间内转动,实现滚轮在滚压包边路径上的滚压。所用伺服电机为台达 ECMA-C10807RS,额定功率为 750W,额定扭矩为 2.39 N·m,额定输出转速为 3000 r/min。为增加通用性,将杆件制作成长度可调部件,通过调整十字滑台及杆件上滑块的位置实现对安装位置及四杆机构杆件长度的调整。十字滑台的有效行程为 350 mm。

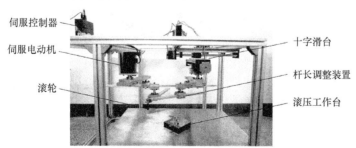

图 7.3.1 滚轮进给机构

　　以图 7.3.2 所示的曲线为滚压包边路径,利用输出小波特征参数法对滚轮进给机构的连杆尺寸及安装位置进行设计,结果如表 7.3.1 所示。第 1 组综合结果与目标轨迹曲线的对比图及误差图如图 7.3.3 所示。为验证方法的有效性和模型的准确性,利用 CATIA V5R20 软件对综合结果进行模拟仿真。首先,根据第 1 组综合结果对机构模型进行设计和装配。机构模型中各杆件尺寸及机架安装位置参数为 $L_\beta = 417.7083$ mm、$\beta = 78.5461°$、$L_1 = 276.1527$ mm、$L_2 = 380.4440$ mm、$L_3 = 382.1508$ mm、$L_4 = 452.0838$ mm、$L_P = 139.0157$ mm、$\theta_P = 280.2402°$、$\theta_0 = 259.3438°$。进而,利用 CATIA 软件中的 DMU 模块对装配模型进行仿真。根据综合结果,设置主动件驱动角度下限为–40.3353°,上限为 40.5756°。最后,激活模块中的传感器,设置 P 点到二个平面(Oyz 平面和 Oxz 平面)的测距值为输出曲线的横纵坐标,对机构仿真模型的连杆轨迹曲线进行输出。目标机构的 CATIA 仿真如图 7.3.4 所示。所得的连杆轨迹曲线与目标轨迹曲线一致,证明了机构模型的正确性和轨迹综合方法的有效性。

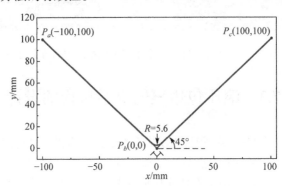

图 7.3.2　滚压包边路径

表 7.3.1　应用算例综合结果

尺寸参数	第 1 组 $\delta=6.46\times10^{-3}$	第 2 组 $\delta=6.52\times10^{-3}$	第 3 组 $\delta=6.51\times10^{-3}$
L_1/mm	276.1527	278.8354	272.8513
L_2/mm	380.4440	413.4807	365.0213
L_3/mm	382.1508	414.8182	387.1568
L_4/mm	452.0838	456.8578	447.7096
L_P/mm	139.0157	140.7919	135.0560
L_β/mm	417.7083	421.9513	410.1939
θ_P/(°)	280.2402	279.5672	277.3818
β/(°)	78.5461	79.3383	77.8272
θ_0/(°)	259.3438	260.1016	257.1745
θ_1'/(°)	–40.3353	–40.2077	–38.8822
θ_g/(°)	80.9109	80.5995	80.9113

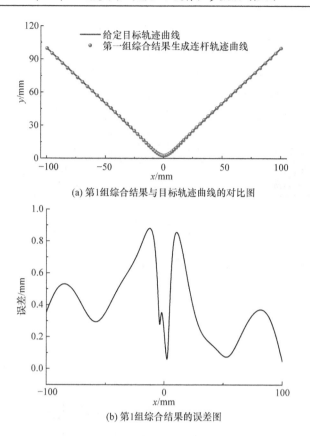

(a) 第1组综合结果与目标轨迹曲线的对比图

(b) 第1组综合结果的误差图

图 7.3.3 第 1 组综合结果与目标轨迹曲线的对比图及误差图

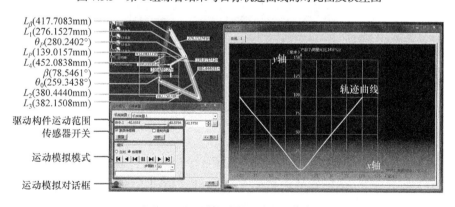

图 7.3.4 目标机构的 CATIA 仿真

根据仿真模型对实际滚轮进给机构进行搭建。滚压包边过程及滚压效果图如图 7.3.5 所示。首先，根据仿真模型参数对滚轮进给机构杆长及位置进行调整。然后，利用伺服控制器控制电动机输出。根据实际情况采用定位控制，转速为

5 r/min。最后，分三次对目标路径进行滚压包边试验。第一次采用锥角为 30°的滚头(图 7.3.5(d))，第二次采用锥角为 60°的滚头(图 7.3.5(e))，第三次采用锥角为 90°的滚头(图 7.3.5(f))。通过实验结果可以看出，所设计的进给机构可以实现目标路径的滚压，同时滚压效果较好。通过对实际机构的设计及实验验证我们提出方法的实用性，同时为利用连杆机构代替工业机器人实现滚压包边加工提供参考。

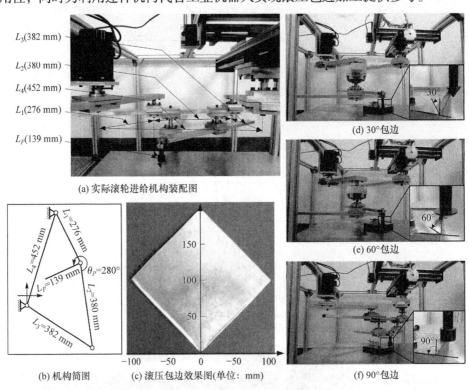

图 7.3.5　滚压包边过程及滚压效果图

7.4　可调座椅的设计

利用输出小波特征参数法，对基于平面六杆机构可实现双向协同作用的可调座椅进行设计[8-10]。人的腿部运动实现的目标机构输出函数为

$$L_3 = 10\sin(\theta_1) - 25\cos(\theta_1) - 1$$

式中，$\theta_1 \in [70°, 100°]$。

利用 4.3 节提出的方法对环(1)曲柄滑块机构进行函数综合。对给定目标函数进行离散化采样，环(1)目标函数的输出小波特征参数如表 7.4.1 所示。利用模糊识别理论，在包含 31 775 组曲柄滑块机构的动态自适应图谱库识别与给定函数曲线误差最小的 10 组目标机构环(1)的基本尺寸型。环(1)的基本尺寸型如表 7.4.2 所示。根据缩放因子 k_1 可得曲柄滑块的实际尺寸，如表 7.4.3 所示。表 7.4.4 为环(1)综合结果的输出小波特征参数。由表 7.4.3 可知，第 4 组机构输出函数与目标函数误差最小，可作为目标机构环(1)的最优结果输出。图 7.4.1 为环(1)第 4 组机构函数拟合图及误差图。

表 7.4.1　环(1)目标函数的输出小波特征参数

参数	$b_{(5,1)}$	$b_{(5,2)}$	$b_{(4,1)}$	$b_{(4,2)}$	$b_{(4,3)}$	$b_{(4,4)}$
值	0.5181	0.4773	0.2616	0.2560	0.2457	0.2310

表 7.4.2　环(1)的基本尺寸型

序号	L_1'	L_2'	L_e'	$\theta_1'(°)$	$\delta_1(\times10^{-8})$	k_1
1	35	95	7	75	5.4068	0.7365
2	33	95	5	75	4.7904	0.7811
3	32	88	6	75	5.9173	0.8055
4	32	95	4	75	4.6576	0.8055
5	33	88	7	75	5.8860	0.7811
6	34	88	8	75	5.9912	0.7581
7	31	92	4	75	6.1838	0.8315
8	36	95	8	75	5.8905	0.7160
9	31	88	5	75	6.0851	0.8315
10	34	95	6	75	5.0401	0.7581

表 7.4.3　曲柄滑块的实际尺寸

序号	L_1/cm	L_2/cm	L_e/cm	$\theta_1'(°)$	$\delta_1(\times10^{-8})$
1	25.7775	69.9675	5.1555	75	5.4068
2	25.7763	74.2045	3.0955	75	4.7904
3	25.7760	70.8840	4.8330	75	5.9173
4	25.7760	76.5225	3.2220	75	4.6576
5	25.7763	68.7368	5.4677	75	5.8860
6	25.7754	66.7128	6.0648	75	5.9912
7	25.7765	76.4980	3.3260	75	6.1838
8	25.7760	68.0200	5.7280	75	5.8905
9	25.7765	73.1720	4.1575	75	6.0851
10	25.7754	72.0195	4.5486	75	5.0401

表 7.4.4 环(1)综合结果的输出小波特征参数

序号	$b_{(5,1)}$	$b_{(5,2)}$	$b_{(4,1)}$	$b_{(4,2)}$	$b_{(4,3)}$	$b_{(4,4)}$
1	0.5182	0.4772	0.2614	0.2561	0.2456	0.2311
2	0.5182	0.4772	0.2615	0.2561	0.2456	0.2311
3	0.5183	0.4772	0.2615	0.2561	0.2456	0.2311
4	0.5182	0.4772	0.2615	0.2561	0.2456	0.2311
5	0.5182	0.4772	0.2615	0.2561	0.2456	0.2311
6	0.5182	0.4772	0.2615	0.2561	0.2456	0.2311
7	0.5181	0.4773	0.2614	0.2560	0.2457	0.2312
8	0.5182	0.4772	0.2614	0.2561	0.2456	0.2311
9	0.5183	0.4772	0.2615	0.2561	0.2456	0.2311
10	0.5182	0.4772	0.2614	0.2561	0.2456	0.2311

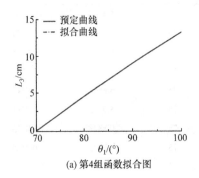

(a) 第4组函数拟合图

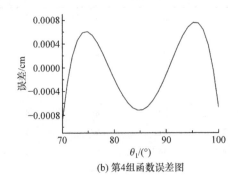

(b) 第4组函数误差图

图 7.4.1 环(1)第 4 组机构函数拟合图及误差图

环(2)为六杆机构的另一部分，要求实现人的背部运动满足预定的设计条件，即

$$P_x = 47\cos\theta_4$$

$$P_y = 41\sin\theta_4$$

$$\gamma = -\sin\theta_4 + 95.76°$$

式中，$\theta_4 \in [20°, 50°]$；γ 为背部运动的转角；P_x 和 P_y 为背部运动轨迹的坐标。

根据平面六杆机构环(2)刚体导引综合方法，提取给定目标刚体转角函数曲线的输出小波特征参数。环(2)目标刚体转角的小波系数如表 7.4.5 所示。根据模糊识别理论，在 4.3.3 节建立的包含 178 810 组四杆机构的动态自适应图谱库中识别10 组与给定转角误差最小的目标机构环(2)的基本尺寸型，如表 7.4.6 所示。对给定轨迹曲线进行离散化采样，并利用 Db1 小波对采样点进行小波变换，提取小波系数，如表 7.4.7 所示。根据理论公式，计算目标机构环(2)的实际尺寸及安装位置参数。环(2)的实际尺寸及安装位置如表7.4.8所示。由表7.4.6可知，第7组机构相似度最小，作为环(2)的最优结果输出。按照本方法，综合所得六杆机构实际尺寸及安装位置示意图如图7.4.2所示。其中浅色线为目标转角和位置曲线，深色线为第7组机构输出转角和位置曲线。相应的机构转角误差图及轨迹曲线误差图如图7.4.3所示。根据综合所得六杆机构的实际尺寸，利用CATIA软件对目标机构进行设计和装配。图7.4.4为可调座椅及三种运动状态。

表 7.4.5　环(2)目标刚体转角的小波系数

$a_{(6,1)}$	$b_{(6,1)}$	$b_{(5,1)}$	$b_{(5,2)}$	$b_{(4,1)}$	$b_{(4,2)}$	$b_{(4,3)}$	$b_{(4,4)}$
63.2964	6.3051	3.4393	2.8401	1.7725	1.6590	1.5034	1.3367

表 7.4.6　综合所得环(2)的基本尺寸型

序号	L_4'	L_5'	L_6'	L_7'	$\delta_2(\times10^{-7})$
1	47	70	93	109	0.9072
2	47	70	92	108	1.2021
3	41	61	81	95	0.8895
4	45	69	93	105	0.7641
5	42	64	86	98	0.9829
6	43	62	80	98	1.1715
7	43	65	87	100	0.7454
8	45	66	86	103	1.1670
9	44	68	92	103	0.7698
10	45	66	87	104	1.1632

表 7.4.7　环(2)轨迹曲线的小波系数

$a_{(6,1)}$	$b_{(6,1)}$	$b_{(5,1)}$	$b_{(5,2)}$
$39.0718\,e^{0.0791i}$	$3.0075\,e^{-0.5067i}$	$1.6797\,e^{-0.1704i}$	$1.3937\,e^{-0.8484i}$
$b_{(4,1)}$	$b_{(4,2)}$	$b_{(4,3)}$	$b_{(4,4)}$
$0.8697\,e^{0.0293i}$	$0.8221\,e^{-0.3671i}$	$0.7452\,e^{-0.7043i}$	$0.6553\,e^{-0.9970i}$

表 7.4.8　环(2)的实际尺寸及安装位置

尺寸及安装位置	1	2	3	4	5
L_4/cm	43.02	42.88	43.02	42.99	43.01
L_5/cm	64.08	63.86	64.00	65.92	65.54
L_6/cm	85.13	83.93	84.98	88.85	88.07
L_7/cm	99.78	98.53	99.67	100.31	100.36

续表

尺寸及安装位置	1	2	3	4	5
L_P/cm	15.02	14.96	15.00	14.99	15.04
θ_7/(°)	20.01	19.95	20.00	20.00	20.02
θ_P/(°)	61.26	62.62	61.37	58.75	59.26
O_x/cm	25.13	25.31	25.13	24.83	24.92
O_y/cm	−20.63	−20.16	−20.59	−21.18	−21.11

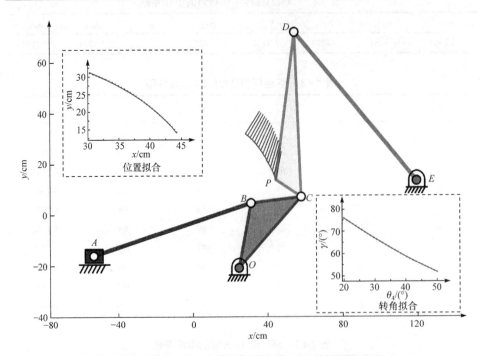

图 7.4.2 综合所得六杆机构实际尺寸及安装位置示意图

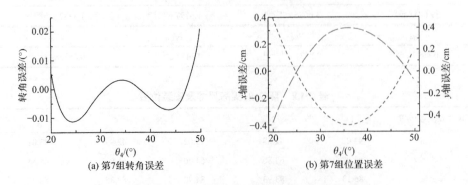

(a) 第7组转角误差

(b) 第7组位置误差

图 7.4.3 环(2)第 7 组机构转角误差图及轨迹曲线误差图

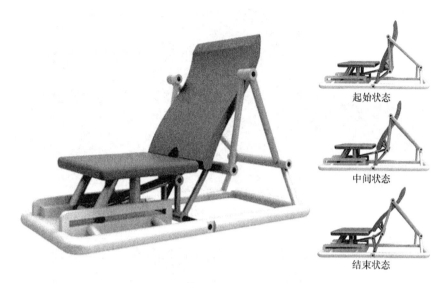

起始状态

中间状态

结束状态

图 7.4.4　可调座椅及三种运动状态

　　我们利用 CATIA 对图 7.4.2 的六杆机构模型进行运动分析。图 7.4.5 为六杆机构实际尺寸及安装位置示意图。图 7.4.6 为环(1)的位移输出曲线。图 7.4.7 为环(2)的刚体转角输出曲线。图 7.4.8 为环(2)的刚体位置输出曲线横坐标。图 7.4.9 为环(2)的刚体位置输出曲线纵坐标。

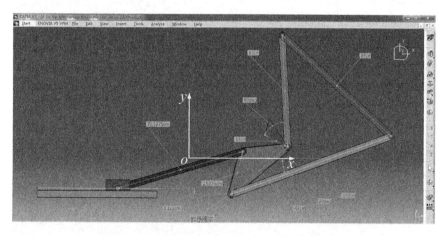

图 7.4.5　六杆机构实际尺寸及安装位置示意图

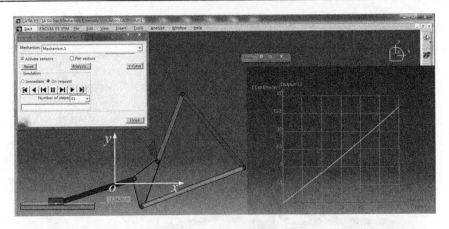

图 7.4.6　环(1)的位移输出曲线

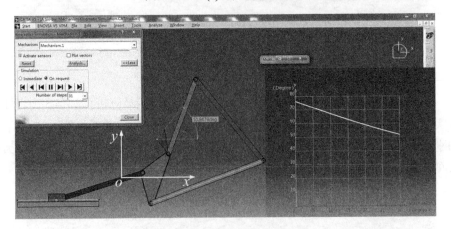

图 7.4.7　环(2)的刚体转角输出曲线

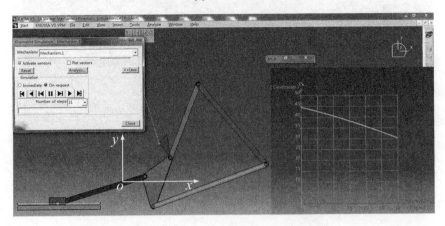

图 7.4.8　环(2)的刚体位置输出曲线横坐标

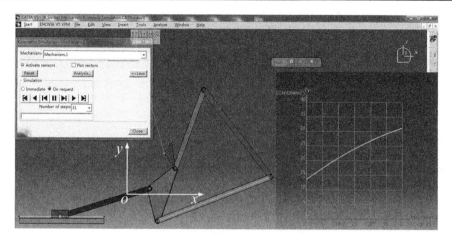

图 7.4.9　环(2)的刚体位置输出曲线纵坐标

参 考 文 献

[1] 韩建友, 杨通, 尹来容, 等. 连杆机构现代综合理论与方法. 北京: 高等教育出版社, 2013.

[2] 陈露. 基于数值图谱法的连杆机构尺度综合 CAD 系统. 长春: 长春工业大学, 2016.

[3] 李连成. 基于数值图谱与专家系统的平面连杆机构尺度综合. 大连: 大连理工大学, 2005.

[4] 陈平. 平面连杆机构尺度综合专家系统. 西安: 西安理工大学, 2001.

[5] 褚金奎, 李连成. 平面连杆机构尺度综合专家系统研究与实现. 机械科学与技术, 2005, 24(9):1013-1017.

[6] 刘文瑞, 孙建伟, 褚金奎. 基于小波特征参数的平面四杆机构轨迹综合方法. 机械工程学报, 2019, 55(9): 18-28.

[7] Sun J W, Liu W R, Chu J K. Dimensional synthesis of open path generator of four-bar mechanisms using the Haar wavelet. Journal of Mechanical Design, 2015, 137(8):1027-1035.

[8] 孙建伟, 王鹏, 刘文瑞, 等. 平面四杆机构刚体导引综合的小波特征参数法. 中国机械工程, 2018, 6:688-695.

[9] Sun J W, Wang P, Liu W R, et al. Synthesis of multiple tasks of a planar six-bar mechanism by wavelet series. Inverse Problems in Science and Engineering, 2019, 27(3):388-406.

[10] Sun J W, Wang P, Liu W R, et al. Non-integer-period motion generation of a planar four-bar mechanism using wavelet series. Mechanism and Machine Theory, 2018, 121:28-41.